Ursula Heinzelmann, Deutschlands bekannteste Expertin für Käse, begibt sich auf eine Weltreise. Sie führt von Brandenburg ins Allgäu, über die Alpen nach Italien und weiter nach Anatolien, Irland, Norwegen, Kalifornien. Sie ist unterwegs zu Menschen, die sich dem alten Handwerk des Käsemachens verschrieben haben. In Anatolien lernt sie die Käseproduktion nach Art der Nomaden kennen, eine seit Jahrtausenden unveränderte Methode. Im Marin County, nördlich von San Francisco, die legendären »Cowgirls«, die mit ihrer Creamery eine Käserevolution ausgelöst haben. In Irland eine promovierte Heidegger-Spezialistin, die zur besten Käserin des Landes wurde.

Doch zum Käsemachen gehören nicht nur die Menschen, sondern auch die Tiere und die Landschaften, in denen sie leben. Gibt die Ziege im Gatter vor dem Haus eine andere Milch als ihre Schwester, die den Sommer über in einer Herde unterwegs ist? Kann man Landschaft schmecken? Davon und von noch viel mehr erzählt Ursula Heinzelmann in ihren informativen, unterhaltsamen Geschichten.

Ursula Heinzelmann, gelernte Köchin, Sommelière und erfolgreiche Gastronomin. Freie Journalistin und Autorin mit Schwerpunkt Kulinarik und Wein. Redaktionelle Mitarbeit am *Oxford Companion of Cheese*. Mitglied der Guilde des Fromagers, Ko-Organisatorin der Cheese Berlin in der Markthalle Neun sowie Trustee Director des Oxford Symposium on Food and Cookery.

Zuletzt erschienen *Was is(s)t Deutschland. Eine Kulturgeschichte über deutsches Essen* und *Monsieur Vuong. Das Kochbuch* (st 4756).

Ursula Heinzelmann

Vom Käsemachen

Tradition, Handwerk und Genuss

Mit Fotos von Manuel Krug

Insel

Serendipity.
Eurer so viele, die inspiriert und unterstützt haben,
offen waren für Altes, Neues, Unverhofftes.
Danke.

Erste Auflage 2018

Satz: Satz-Offizin Hümmer GmbH, Waldbüttelbrunn
Druck: CPI – Ebner & Spiegel, Ulm
Umschlagfoto: Manuel Krug
Printed in Germany
ISBN 978-3-458-17767-8

Inhalt

Einleitung

Warum Käse?

Warum nicht? Denn es waren Hirten auf dem Felde... und die hüteten ihre Schafe beileibe nicht nur für warmes Gewand, Fleisch im Kessel und Dünger auf dem Acker.

Käse ist einfache Stärkung und gleichzeitig wundersame Verwandlung. Aus Milch entsteht mithilfe eines Gerinnungsmittels wie Lab und (in den allermeisten Fällen) Salz und durch die Aktivität verschiedener Kleinstlebewesen ein wahres Feuerwerk aus den unterschiedlichsten Käsesorten. Käse kann unprätentiös und volksnah sein, es gibt ihn in einfacher Form im Supermarkt, gleichzeitig kann er als begehrte, teure, langgereifte Rarität auch ganz exklusiv auftreten. Ob Scheiblette oder Unikat, industriell oder handwerklich hergestellt, Käse ist immer Konzentrat und Ausdruck einer ganz bestimmten Situation. Er spiegelt Klima und Landstriche, Wirtschaft, Sozialordnung, Politik, Erinnerungen und Träume wider.

Bei dir hat jeder Käse eine Geschichte, bemerkte jemand vor kurzem – das war nicht einmal vorwurfsvoll gemeint, wurde aber doch mit ziemlichem Erstaunen in der Stimme vorgebracht. Doch genau das ist es, was mich interessiert: die Geschichte, die hinter jedem Käse steckt. Ich bin überzeugt, dass das Erzählen dieser Geschichten Horizonte erweitert, uns einander näherbringt. Milch ist unsere allererste Nahrung, und Käse ist uns daher auf eine ganz besondere Art sehr nah. Gleichzeitig führt er uns in die Welt hinaus.

Ich kann gar nicht sagen, wie und wann ich »auf den Käse« gekommen bin, und ich glaube, das liegt daran, dass er zu mir gekommen ist, eigentlich schon immer da war. Seit einigen Jahren bekenne ich mich ganz offiziell dazu: Heinzelcheese ist eine eingetragene Marke, meine Marke. In der englischsprachigen Welt heißt es ja, der Mond sei aus Käse. Das stimmt zwar nicht, aber an manchen Abenden, wenn der Mond besonders tief steht und riesig goldgelb leuchtet, könnte man es glauben.

Eines ist sicher: Käse ist ein wunderbarer Leitstern. Er hat mich nicht nur Deutschland mit neuen Augen sehen lassen, sondern auch in die äußersten Ecken Europas geführt, im Norden bis hinauf zu den Lofoten, nach Irland, wo der Atlantik sich mit dem Festland vereinigt, nach Sizilien und Sardinien, wo Afrika schon beinahe zu ahnen ist, und in den Osten Anatoliens, wo Europa mit Asien verschmilzt. Käse hat mich die Westküste Nordamerikas bereisen lassen und Vermont ganz im Nordosten, ich habe mir bis dahin unbekannte Landschaften erlebt und andere aus einer ganz neuen Perspektive gesehen. Ich habe großartige Menschen kennengelernt und Zusammenhänge neu begriffen.

Immer wieder werde ich nach meinem Lieblingskäse gefragt, und immer wieder entgegne ich darauf, dass die Antwort von Stimmung, Situation und Jahreszeit abhängt, und die Antwort wie beim Wein eigentlich unmöglich ist, weil es so viele großartige Käse gibt. Spannend muss er sein, um mir zu gefallen!

Seit 2014 gibt es die monatlichen Heinzelcheese-Talks, bei denen wir um einen großen Tisch in der Markthalle Neun in Berlin-Kreuzberg sitzen und zusammen Käse (und Wein) erschmecken und diskutieren. Diese Treffen sind entstanden, weil ich von meinen Reisen immer wieder ungewöhnliche Käse mitbringe, die es hier nicht überall gibt und die ich gerne mit anderen Menschen teilen möchte. An jenem Tisch habe ich verstanden, dass Käse auch ein wunderbares Mittel ist, um uns von so manchem stereotypen, von Medien und Politik verbreitetem Vorurteil zu befreien. Wenn ich türkischen Käse auf die Holzbretter lege, sage ich erst einmal gar nichts über seine Herkunft. Erst wenn der Käse über alle Sinne im Kopf angekommen ist, schicke ich entsprechende Informationen hinterher. Dann beobachte ich immer wieder, wie sich bei vielen ein Schalter umlegt: DIE Türken, das sind nicht nur die Gesichter aus den Nachrichten, sondern Menschen, in diesem Fall Menschen, die Käse machen …

Käse hat die Fähigkeit, Menschen zu verbinden, über so manche Grenzen hinweg. Aus diesem Grund engagiere ich mich auch intensiv bei der Organisation der Cheese Berlin, dem Käsefestival, das alljährlich im November stattfindet und Käsemacher aus der ganzen Welt für ein wunderbares Wochenende unter dem alten, hohen Dach der Markthalle zusammenbringt.

Und warum gerade diese Käse? Diese Länder? Und warum kommt der französische Käse nur ganz am Rande vor? Das ist tatsächlich Zufall – es gibt viele ganz fantastische Käse in Frankreich. Dies ist eine persönliche Auswahl, und eine sehr persönliche Reise, Es war nicht immer einfach, diese Prachtexemplare aufzutreiben, aber hier sind sie. Meine Erzählungen sollen dazu ermuntern, selbst aufzubrechen und nach Käse, Menschen und ihren Geschichten, wie ich sie erlebt habe, Ausschau zu halten.

Hier oben bin ich ein ganz anderer Mensch: Senner und Alpkäse im Bregenzerwald

Marianne Schwarz, Alpe Helmingen
Emma und Richard Fuchs, Alpe Loch
Anton Sutterlüty, Untere Falz-Alpe
Bregenzerwald/Österreich

Bei Sonnenschein im Lecknertal zu wandern, das sich hinter Hittisau im Bregenzerwald in Richtung Gunzesried im Allgäu zieht, gleicht einem Ganzkörperbad in Wohlgefühl. Meine Großstädterseele baumelt, die pflastergewohnten Füße federn über wassergesättigte Bergwiesen. Und die Augen staunen über wahre Wolken von kleinen wilden Orchideen, Knabenkraut, das in allen Schattierungen von Rosa bis Violett blüht. Daneben gibt es Erdbeeren, Heidelbeeren, ganze Felder von Minze – ich habe keine Ahnung, wie sich das in Kuhmägen auf die Milch auswirkt, aber es duftet so gut.

Kühe gehören zu dieser Landschaft wie der Geißenpeter zur Heidi, das gänzlich unorchestrierte und dennoch harmonische Geläut ihrer Glocken bildet den Soundtrack der Alpen. Aber die braunen, grauen, gefleckten oder gesprenkelten Wiederkäuer stehen natürlich nicht zur reinen Erbauung einer erholungsbedürftigen Touristin, wie ich es bin, vor dem Gipfelpanorama. Das glückliche Wohlgefühl an einem warmen Sommertag trügt – der Winter ist lang, die Natur unnachgiebig. Das Sennerleben auf der Alp (wie die Alm, die Sommerkäserei der Berge, hier heißt, von denen es in der Gemeinde Hittisau so viele gibt wie sonst nirgends) ist hart, rund hundert Tage von Ende Mai bis in den September, ohne Wochenende oder Ruhepause. Keine Lust, zu müde – das geht hier nicht. Beschaulich ist das nur mit der passenden Einstellung, nennen wir es die Älplerseele. Wer die besitzt, hat Geduld und innere Ruhe, und das zeigt sich im Käse. Und auch ich bin nicht zur Erholung hier (das ist ein großartiger Nebeneffekt), sondern um zwei ganz besondere Alpen zu besuchen.

Gleich hinter dem Parkplatz am Ende der schmalen Mautstraße, die von Hittisau ins Tal hineinführt, steigt ein Weg rechts am Hang hinauf. Er führt nach etwa einer Stunde, genau dann, wenn ich schwitzend die Unzulänglichkeiten meiner städtischen Kurzjogger-Kondition zu spüren beginne, zu einer eher unscheinbaren Sennhütte mit den für die Gegend typischen Holzschindeln. Im Schatten davor stehen zwei einfache Tische mit Bänken. Wochentags ist es ruhig auf der Alpe Helmingen, auch heute sind außer mir keine Touristen hier, aber die Sennerin hat Besuch aus dem Dorf, und der breite Wäldler-Dialekt der Frauen mischt sich in den Alpen-Soundtrack der Glocken. Einen Becher Milch, ein Käsebrot? Unbedingt. Die Milch schmeckt süß, sahnig, würzig – der Winter scheint weit weg, die Welt ist schön. Dann der Biss in den kräftigen Käse, der in dicken Scheiben auf schlichtem, gebuttertem Mischbrot liegt ...

Marianne Schwarz, die Sennerin, strahlt eine geerdete Ruhe aus. Sie zieht seit vielen Jahren zusammen mit ihrem Mann im Sommer hier hinauf, und man sieht der kräftigen, entschiedenen Frau Mitte fünfzig an, dass der Alpsommer mit viel körperlicher Arbeit verbunden ist. Ich habe sie stets nur in weißer Gummischürze erlebt, das Gesicht ein wenig gerötet, die schwarzen kurzen Haare unter einer weißen Kappe. Trotzdem wirkt sie alles andere als gestresst. »Natürlich ist immer viel zu schaffen«, sagt sie gut gelaunt, »aber sobald ich hier hochkomme, bin ich einfach ein ganz anderer Mensch.« Kaum ein Alpsenn, ob auf der eigenen Alpe wie Marianne Schwarz oder im Auftrag eines oder mehrerer Bauern, steht auch den Rest des Jahres am Käsekessel, viele arbeiten als Zimmerleute oder Skilehrer. Der hunderttägige Alp-Sommer wirkt auf dem Kalender viel kürzer als die restlichen 265 Tage des Jahres, dauert aber in seiner Intensität mindestens ebenso lang, und erst der Wechsel verleiht beiden Lebensformen ihre besondere Qualität.

Alpkäsereien sind einfache Bauten, tritt man ein, steht man sofort in der Käserei, die hier Käsküche heißt. Der imposante Kupferkessel hängt über einer offenen, rund gefassten Feuerstelle. Jeden Morgen verarbeitet Marianne Schwarz darin nach dem Melken die gänzlich unbehandelte Milch ihrer dreißig Kühe zu zwei großen runden Alpkäse. Zwei noch ganz embryonale, rindenlose weiße Laibe liegen in Leintücher geschlagen und von Spannringen in Form gehalten auf einem Tisch an der Wand daneben, unter einer einfachen Spindelpresse. In der angrenzenden Milchkammer sind flache, runde hölzerne Gefäße aufgereiht, die Gebsen, die manche auch Stotzen nennen. »In denen steht die Abendmilch über Nacht, das machen wir schon immer so«, sagt sie, »die Milch muss säuern, muss reifen an der Luft.« Strom ist knapp, aber zum Kühlen ist er sowieso nicht nötig. Das Brunnenwasser ist kalt, und als wir in den Keller hinabsteigen, weil ich ein großes Stück Käse vom Vorjahr mit nach Hause nehmen möchte, spüre ich einmal mehr die wunderbare feuchte Frische dort unten.

Wenn ich von Reisen wie dieser zurückkehre, wiegt mein Koffer immer um einiges mehr und duftet aromatisch. Doch nur allzu schnell gehören die mitgebrachten Schätze dank ähnlich turophiler (ein schönes Wort, das »käseliebend« bedeutet) Freunde der kulinarischen Erinnerung an. Wenn dann im dunklen grauen Winter der Stadt die Sehnsucht nach den Bildern und Tönen, dem Duft und Aroma jener Landschaft aufsteigt, dann lockt die nächste Käsetheke mit ihrem Angebot an Vorarlberger Bergkäse als Gegenmittel. Doch funktioniert das leider nur selten. Denn was dort angeboten wird, kommt mit großer Wahrscheinlichkeit nicht von einer Alp wie der Helmingen, sondern aus einer der Dorfsennereien, die es im Bregenzerwald in jedem größeren Ort gibt. Kein schlechter Käse, aber ihm fehlt die elegante, komplexe Helmingen-Würze.

Alpkäse – vor allem, wenn er von einer so gewissenhaften, erfahrenen Sennerin wie Marianne Schwarz hergestellt wird – bildet die Spitze der Qualitätspyramide der Bergkäse. Dorfsennereien hingegen liefern die solide Basis, wenn Kühe und Senner nach dem Sommer wieder unten auf den Höfen sind (selbst wenn »unten« im Hochtal des Bregenzerwalds immerhin eine Höhe von 700 Metern bedeutet). Denn Kühe sind ausgesprochen wählerisch, sogenannte Selektivfresser. Das ist genauso wenig angeboren wie unser eigenes Essverhalten. Im ersten Alpsommer lernen Kälber von Mutter und Tanten, sich in der Bergwelt zurechtzufinden, bekommen die Unterschiede zwischen gutem und schlechtem Grünzeug beigebracht. Die Milch jeder einzelnen Kuh schmeckt ein wenig anders; das ist ein Grund für den ausgeprägten Charakter der besten Alp-Bergkäse.

Am nächsten Tag steige ich die andere Seite des Lecknertals hinauf, zu Richard und Emma Fuchs. Ihre Alpe Loch liegt auf 1200 Meter Höhe an der Nordseite des Tals der Alpe Helmingen mehr oder weniger gegenüber. Doch anders als die sanfte Weite, die Marianne Schwarz umgibt, fällt der Hang hier steil ab, die Landschaft hat eine gewisse Dramatik. »Die Nachbarn wundern sich, warum wir nicht längst die Felsen aus der Alpe gesprengt haben«, sagt Richard Fuchs, »dann hätt's genug für zwei, drei Kühe mehr, die halten uns für blöd.« Was den zierlichen, aber sehnigen Anfang-Sechziger nicht im Geringsten stört, denn die Felsen gehören zur Loch. Achtzehn, maximal zwanzig Liter Milch geben die Tiere hier oben am Tag, im Winter im Dorf ist es die doppelte Menge. Aber das liegt nicht nur an den Felsen. Richard und Emma Fuchs haben sehr genaue Vorstellungen, und die setzen sie sehr konsequent um: Ihre dreißig Kühe ernähren sich im Sommer tatsächlich ausschließlich von dem, was an den steilen Hängen wächst. Das klingt für unbedarfte, erholungssuchende Städter selbstverständlich: glückliche Alpkühe auf grünen Wiesen, Punkt. Dabei übersehen sie jedoch, dass bei den meisten Alpen vor dem Viehauftrieb im Mai der Lieferwagen der Getreidemühle aus dem Tal vorfährt und Kraftfutter bringt, damit die Milchmenge nicht so extrem abfällt und es mehr Alpkäse gibt – ein Paradox der Alpen-Realität. Kraftfutter (aus Getreide, Mais und Raps) ist nicht nur weitab der Alp gewachsen, es zwingt die Tiere auch zur Einheitsnahrung, abgesehen davon, dass Kuhmägen nicht auf Körner ausgelegt sind. Die Käse der Alpe Loch hingegen sind tatsächlich ganz und gar in Milch umgewandelte Alpe-Loch-Wiesen.

Spätestens an diesem Punkt stellt sich der Städter die Frage, wie Bergkäse denn überhaupt definiert ist. Ganz einfach: gar nicht. Es ist ein derart ungeschützter Begriff, dass selbst eine Meierei in Schleswig-Holstein direkt hinterm Deich, wo die »Berge« in Minus-Metern gemessen werden, ihn herstellen kann. Was wir landläufig unter Bergkäse verstehen, ist ein klassisches Beispiel für eine Käseform, die sich unter ganz spezifischen Bedingungen entwickelt und dann als Rezeptur verselbständigt hat.

Da ist zuerst einmal die geographische Situation: die Alpen. An Hängen, die für den Getreideanbau zu steil oder zu steinig waren, ist Vieh die sinnvollste Möglichkeit, um dem Boden Nahrung abzutrotzen, denn Wiederkäuer können dank ihrer vier Mägen das für Menschen unverdauliche Gras in Milch umwandeln. Richtig Sinn machte das allerdings erst, wenn man die leicht verderbliche und in ihrer flüssigen Form außerdem schwierig zu transportierende Milch zu Käse verarbeitete. Damit war man selbst über den Winter mit Protein versorgt, der Lehnherr im Tal konnte abgegolten werden, und was übrig blieb, konnte man auf den Märkten anbieten. In den Bergen, wo die Wege ins Tal beschwerlich und nicht jederzeit möglich waren, setzte sich mit dem harten Bergkäse eine

Konservierungsform durch, die die Lebensdauer der Milch um ein ganzes Jahr oder darüber hinaus verlängerte und sie im Volumen auf ein Zehntel konzentrierte: Aus zehn Litern Milch entsteht ein Kilo Käse.

Für diese Verarbeitung ist viel Energie nötig, und Bergkäse wäre nicht das, was wir heute darunter verstehen, gäbe es da nicht den Wald vor der Tür, mit viel Holz, um die Flammen unterm Käsekessel am Lodern zu halten. Auch Werkzeuge, Bretter und Behältnisse fertigte man aus Holz. Weil man es hatte und weil es funktionierte. Denn Holz hat einen wichtigen Nebeneffekt: Es fungiert als Informationsspeicher, in seinen Poren bildet sich eine ganz bestimmte Stammkultur von Bakterien.

Vor der modernen Versorgung mit heißem Wasser durch einfaches Aufdrehen eines Hahns (was in Alpsennereien nach wie vor nicht selbstverständlich ist) lag es nahe, zum Reinigen dieser Utensilien die heiße Molke zu nutzen (beziehungsweise, um ganz genau zu sein, die Schotte, das Käsewasser). Die schwappt sowieso dampfend im Kessel, nachdem man die feste Käsemasse mit Tüchern »ausgezogen« hat. Spült und schrubbt man damit all die hölzernen Gerätschaften, bildet der auskristallisierte Milchzucker eine Schutzschicht, und in den Holzporen siedeln sich Milchsäurebakterien an, ganz besonders in den flachen runden Gebsen. Wenn in diesen über Nacht der Rahm aufsteigt, freuen sich die in der Milch von Natur aus vielfältig vorhandenen Milchsäurebakterien über die Ermunterung aus dem Holz. Weil die Milch vom morgendlichen Melken (die zusammen mit der vom Vorabend in den Kessel kommt) ebenfalls eine Ermunterung zum Säuern braucht, bewahren Senner wie Marianne Schwarz und Richard Fuchs jeden Tag einen guten Liter gesäuerter Molke an einem warmen Ort auf. Die kommt dann am nächsten Morgen zur euterwarmen Milch in den Kessel, ähnlich wie beim Sauerteig. Während die meisten Käsereien längst speziell gezüchtete Fertigkulturen aus dem Labor verwenden, ist dies ein autarker Kreislauf. Denn wer eigene Tiere hat, braucht eigentlich nichts anderes zum Käsemachen als Salz. Und viel Erfahrung: Dieses gewachsene System funktioniert nur, wenn der Senner jeden Tag den gleichen Käse macht und dabei kein »Standardrezept« durchzieht, sondern auf die jeden Tag ein wenig unterschiedliche Milch eingeht, die hier ein Grad Hitze mehr, dort einige Minuten Rühren weniger erfordert.

Als ich die Alpe Loch vor ein paar Jahren zum ersten Mal besuchte, hatte ich auf dem Weg dorthin Emma Fuchs auf ihrem Hof in Lingenau abgeholt, und wir waren zusammen den zwar nicht sehr langen, aber ziemlich steilen Weg vom Parkplatz zur Käserei hinaufgestiegen. Ich merkte bald, dass die schlanke Frau unter Atemnot litt, und sie drängte mich, allein weiterzugehen, um am Käsekessel nichts zu verpassen. Neben der kleinen Hütte, die ein wenig versteckt und doch Wind und Wetter ausgesetzt auf einer Kuppe liegt, flatterten Leinentücher. Richard Fuchs war gerade dabei, die Laibe vom Vortag aus der Presse zu nehmen, die hier, anders als auf der Helmingen, aus einer sehr einfachen hölzernen Hebel-Konstruktion besteht und von einer mit Wasser gefüllten Milchkanne beschwert wird. Ebenso einfach und sichtlich alt war das kleine Messer, mit dem er die Ränder der Käse glattschnitt. Der dunkle, schmale Holzgriff schien wie eins mit den Händen des bedächtigen Mannes, der mir mehr mit Gesten als Worten vermittelte, dass ich gerne zuschauen dürfte.

Im großen Kupferkessel (der hier ummantelt ist, so dass die kleine Käsküche nicht wie auf der Helmingen und vielen anderen Alpen vom offenen Feuer rußgeschwärzt ist) stand bereits die Milch. »Zeit fürs Einlaben«, sagte er, schüttete eine helle trübe Flüssigkeit hinein, verrührte sorgfältig und nahm die Schürze ab: Eine halbe Stunde braucht das Lab, um zu wirken, und währenddessen kann der Käser frühstücken. In der Küche nebenan standen schon Brot, eigene Butter, Marmelade, kleine Frischkäse und Kaffee bereit.

Inzwischen war seine Frau nachgekommen, und als er wieder zum Kessel ging, stellte sie sich dazu. Ihre ganze Aufmerksamkeit war auf die Milch gerichtet, als hörten sie lautlose Stimmen. Sie rührten mit ruhigen Bewegungen, er mit der sogenannten Harfe, an einem langen Rahmen gespannte Drahtfäden, die die gestockte Milch in weiche weiße Würfel schnitten, sie mit der flachen Schaufel – Schapfen sagt man hier. Sie reagierten auf die Milch. Einziges »Messinstrument« war ein ganz normales Thermometer, viel wichtiger aber Beobachtung, Intuition, Körperwissen.

Als ich dieses Mal zur Loch hinaufkomme, unterhalte ich mich eine Weile mit Richard und bemerke wieder, wie einfach hier alles ist und welche wichtige Rolle Holz als Material spielt. Ihm nötigt das nur ein Schulterzucken ab – so müsse das eben sein. Was bei anderen längst durch Plastik und Edelstahl ersetzt wurde, ist bei ihm selbstverständlich aus Holz. Als ich schließlich nach Käse frage, schickt er mich zu Emma hinunter nach Lingenau, das ist ihre Aufgabe. Der Hof scheint wie verlassen in der spätmittäglichen Sommersonne, doch auf mein Rufen kommt Emma aus der Küche und freut sich sichtlich über die Abwechslung. Die dunklen Augen strahlen, das glatte graue lange Haar ist zu einem lockeren Knoten zusammengesteckt. Sie lädt mich sofort zum Kaffee ein, es sei noch Kuchen vom Geburtstag gestern da, und schon sitzen wir am Küchentisch. Und reden, als ob wir uns seit langer Zeit kennten.

Irgendwann kommen wir auf das Thema Lab, das mich besonders interessiert. Lab ist ein Enzym, das das Kasein, das Hauptprotein der Milch, zum Gerinnen bringt, also Flüssiges in Festes verwandelt. Die ganz jungen, noch säugenden Wiederkäuer produzieren es im vierten Magen, weil sie nur aus der geronnenen Milch das Kalzium der Muttermilch verwerten können.

Emma fertigt das Lab, aus den Mägen männlicher Alpe-Loch-Kälber, die der örtliche Metzger für sie schlachtet, selbst. Das ist heutzutage eine große Ausnahme. Manche Senner kaufen immerhin Mägen vom örtlichen Metzger, andere vom Käsereibedarf (also einem Händler, der alles bereithält, was der moderne Käser so braucht) fertig getrocknete, die wahrscheinlich aus Neuseeland stammen. Allgemein üblich in der Käsewelt ist jedoch standardisiertes Lab in flüssiger, gefriergetrockneter oder pulverisierter Form, oder mikrobielles (sogenanntes vegetarisches), oder auch gentechnisch manipuliertes. Emma erklärt mir, wie sie die Mägen behandelt, sie säubert, trocknet und dann aufschneidet. Schließlich steht sie auf und holt einen der getrockneten Mägen, der etwas kleiner als ein Volleyball ist. Wie dickes Pergament wirkt die dunkelgelbe Haut, auf der unregelmäßige rötliche Adern zu erkennen sind, das ist das Lab. Acht bis zehn Mägen legt sie aufgeschnitten kreuzweise übereinander und rollt sie auf, davon wird dann jeden dritten Tag eine Scheibe mit Molke zur »Renne« angesetzt (ein Wort, das an das englische *rennet* für Lab erinnert). Das Dosieren mit eigener Renne ist anspruchsvoll und erfordert viel Erfahrung, aber es ist ein weiterer kleiner Baustein, der dem Alpe-Loch-Käse seinen ausgeprägten Charakter verleiht.

Die trockene Bergluft umweht nicht nur die leinenen Käsetücher und all das Holzgerät, sondern lässt auch die harten Laibe langsam reifen. Jahrhundertelange Erfahrung hat gezeigt, dass sich dabei durch regelmäßiges Wenden und feuchtes Abwischen eine schöne Rinde bildet, die alles in Schach hält, was sich auf so einem jungen, wehrlosen Käse ausbreiten will. Also werden Bergkäse »geschmiert«, das heißt, die Rinde wird durch regelmäßiges Wischen und Bürsten feucht gehalten, damit sich die sogenannten Rotschmierkulturen ansiedeln und wohlfühlen können. Die Helmingen-Käse sind Bilderbuch-Exemplare einer »schönen« Bergkäse-Rinde: grauweißorange, nicht zu dick und nicht zu feucht. Handelsübliche Standardkäse hingegen sind oft ein wenig klebrig und aufdringlich im Geruch. Im großen zentralen Reifekeller der

Dorfsennereien in Lingenau (aber auch im Allgäu und in der Schweiz macht man das so) wird das Käseschmieren längst von Robotern erledigt – die erkennen keine Unterschiede, sondern können ganz im Gegenteil nur dann arbeiten, wenn die Käse genormt sind, einer aussieht wie der andere.

Aber jeder einzelne Laib ist ein wenig anders, wie jede Kuh, sagt Emma, ein selbständiges Lebewesen. Einer hat es gerne trockener im Reifekeller, ein anderer feuchter, und darauf geht sie dann auch ein, wendet die Laibe, wie sie es brauchen, wäscht und bürstet meist nur ganz zart und einfühlsam. Trotz aller impulsiven Herzlichkeit wirkt sie stets, als lausche sie noch ganz anderen Stimmen, in sich selbst, in anderen, ob von den Menschen oder den Tieren. »Manchmal«, sagt sie, »habe ich Sehnsucht nach den Tieren, die ich aufgezogen habe« – neben der Alpsennerei züchten und verkaufen sie Rinder –, »und ich frage mich, ob es ihnen gut geht. Die stehen nicht einfach im Stall, die brauchen Zuwendung. Manche erkennen mich noch nach Jahren an der Stimme und kommen aus der hintersten Ecke angelaufen.«

Wie die Loch-Käse nun eigentlich schmecken? Anders als viele andere durchaus angenehme und gut gemachte Käse, die sich bereitwillig und einer breiten Masse erschließen, sind sie Langsamentwickler. Ihre Rinde ist im ersten Jahr nicht orange und klebrig, sondern oft eher gelb und mattglänzend, beinahe wie beim Sbrinz oder Parmesan. Sie brauchen mindestens ein Jahr, um ihr Aroma zu entfalten, und auch dann sind sie nie laut oder üppig. Im Gegensatz zu den Helmingen-Käse legen sie das Milchige der Jugend erst spät ab, finden sich nur langsam in den nussigen, ganz dezent süßlichen »erwachsenen« Aromen zurecht. Später glaubt man den Geschmack von Aprikosen oder anderen getrockneten Früchten wahrzunehmen – was aber die Komplexität nur ganz unzureichend beschreibt. Diese Käse sind Unikate, jeder einzelne, in Kultur gefasste Natur.

Warum das so ist, verstehe ich noch besser, seit ich Anton kenne, der den in Vorarlberg sehr weit verbreiteten Namen Sutterlüty trägt. Der hochgewachsene Anfang-Fünfziger mit den grauen Locken ist in Österreich vor allem dadurch bekannt geworden, dass er 2001 in der ORF-»Millionenshow« als erster Kandidat sämtliche Fragen korrekt beantworten konnte. Dieser Fakt ist ein merkwürdiges Puzzleteil seiner komplexen Persönlichkeit, das ich bis jetzt eher beiseitegeschoben habe. Anton lebt in Wien, hat Kunstgeschichte studiert und bezeichnet sich als Kunstvermittler.

Außerdem verkauft er Käse, den er in einem Keller eines Hauses aus dem 13. Jahrhundert mitten in Wien pflegt und reifen lässt. Denn Anton – Firmenname »anton macht ke:s« – ist in Egg im Bregenzerwald mit der Sennerei aufgewachsen, und er zieht nach wie vor jeden Sommer auf die Untere Falz-Alp zum Käsen. Ich war auf ihn innerhalb weniger Wochen von mehreren Seiten aufmerksam gemacht worden – immer ein Zeichen, dass etwas seine »kritische Masse« erreicht hat – und schrieb ihm daher einfach. Worauf er sich sofort zurückmeldete und schließlich 2016 an der Cheese Berlin teilnahm – meine erste Messe, sagte er. Beim begleitenden Heinzelcheese-Talk (der turophilen Verkostungsreihe, die ich in der Markthalle Neun ins Leben gerufen habe) erklärte er uns das System, das auf den alten Gebsen basiert, den flachen Holzbottichen, wie sie sowohl auf der Helmingen als auch auf der Loch gebräuchlich sind. »Wenn ein Senn auf diese Weise Käse macht«, sagte er in seiner bedächtigen Art, »muss er sehr aufmerksam sein. Der Prozess ist ein sehr lebendiger und jeden Tag etwas anders. Das Lebendige steckt voller Überraschungen, es gibt uns immer wieder Rätsel auf und birgt Geheimnisse. Es obliegt der Sensibilität und Erfahrung des Senners, die Zeichen zu lesen, den Dingen ihren Lauf zu lassen und gleichzeitig ausgleichend einzugreifen.«

Anton erklärte auch, wie wichtig es für diesen Kreislauf ist, dass die Molke sorgfältig »abgesennt« wird. Dafür legt man nach dem Ausziehen des Bruchs (der geronnenen, festen Bestandteile der Milch) einen Scheit Holz nach und bringt die grünliche Flüssigkeit beinahe zum Kochen. Zuerst steigt Fett auf, das gekühlt zu Butter verarbeitet wird (oder zu Butterschmalz, dem traditionellen Fett der Alpen, das ohne moderne Kühlung über Monate haltbar ist). Dann schüttet man nochmals vom Vortag gesäuerte Molke in den Kessel, als letzten Stubser für das Molkeneiweiß, das dann zu hellen, duftigen Flocken gerinnt. Viel weiter südlich, am Mittelmeer, schöpft man es zum Abtropfen in kleine Körbe: So entsteht Ricotta. Hier im »Norden« essen die Senner die Eiweißflocken mit ein paar Kellen Molke als Sennsuppe; ein stärkendes zweites Frühstück. Abgetropft und getrocknet lässt es sich aber auch zu Zigerkäse verarbeiten, also wiederum haltbar machen (dazu kommen wir im nächsten Kapitel). Erst diese abgesennte Molke, eigentlich korrekterweise Schotte oder eben auch Käsewasser, taugt als »Impfstoff« für den nächsten Tag und zum Reinigen der Holzgerätschaften. Und hat selbst danach noch einen Zweck, weil die Schweine, die traditionell zum Mikrokosmos einer Alpe gehören, es gerne saufen und zu Wurst und Schinken verwandeln.

In Berlin hatte Anton Käse mehrerer Altersstufen mitgebracht. Je reifer ein Käse ist, desto deutlicher kommt sein besonderer Charakter zum Vorschein. »Die vielen Sommer auf der Alpe«, sagte er, »haben meine Beziehung zur Milch immer mehr geprägt. Ich kann von mir auf die Milch schließen: Wie das Wetter und die Atmosphäre körperlich und stimmungsmäßig auf mich wirken, so wirken sie auch auf die Milch. Leichtigkeit oder Schwere, Frische oder Trägheit ... die Verbindung ist gegenseitig. So wie ich auf die Milch zugehe, so kommt sie mir auch entgegen.«

Das ist, trotz vieler Parallelen, der Unterschied zwischen Winzern und Käsern: Milch ist ein Teil des Menschen. Ein Leben ohne Trauben ist möglich (wenn auch ohne Trauben in vergorener Form vielleicht nicht erstrebenswert), Leben ohne Milch ist zumindest anfänglich unmöglich, und wenn wir uns darauf einlassen, nimmt sie uns mit zurück zu unseren Ursprüngen.

Sura Kees und Mascarplin: Spurensuche in Graubünden und im Montafon

Daniel Mangeng, Alpe Vergalda *Montafon/Österreich*
Vreni und Dionis Zinsli, Sennerei Sufers *Graubünden/Schweiz*

Bevor die Menschen im Alpenraum die Milch mithilfe von Lab in Form von harten Käsen konservierten, arbeiteten sie mit der natürlichen Säuerung. Diese urzeitlichen Sauermilchkäse, für die die Milch grundsätzlich entrahmt wird, heißen Ziger, Sura Kees oder Graukas. Sie wurden noch lange produziert, selbst als im Mittelalter bereits zunehmend der größtenteils als Fortschritt betrachtete »süße«, fettere Labkäse lockte. Denn gleichzeitig wollten die wohlhabenden Bürger in den Städten mit Butter versorgt werden, für die man den Rahm brauchte. Also mussten Bauern, Knechte und Alpsennen weiterhin mit dem Käse aus der entrahmten, gesäuerten Milch vorliebnehmen.

Auch weiter nördlich, in und um die deutschen Mittelgebirge, war das so; Handkäse gehören ebenfalls zur Familie der Sauermilchkäse. Harzer, Quargel, Korbkäse werden tatsächlich mit der Hand oder einfachsten Mitteln wie einem Holzmodel oder einem kleinen Korb geformt. Es sind nie große Laibe, weil sich durch die Säuerung anders als beim Dicklegen mit Lab keine stabilen Eiweißstrukturen bilden, sondern die Textur eher krümelig ist. Trotzdem geht es auch hier um das Konservieren von Protein; diese kleinen Käse sind wesentlich länger haltbar als die Milch, also Vorrat für den Herbst und Winter, wenn die Kühe keine Milch gaben, und sie ließen sich als Proviant mit aufs Feld oder zum Verkaufen auf den Markt mitnehmen. Mich faszinieren sie besonders, weil sie uns weit zurück in die Vergangenheit beamen, mich an die *lac concretum* erinnern, die feste Milch, die wir Barbaren laut dem römischen Geschichtsschreiber Tacitus im ersten Jahrhundert unserer Zeitrechnung gegessen haben. Was uns die Archäologen bereits für über 5000 Jahre früher belegen: Tacitus hatte keine Ahnung, wie lange wir bereits frische, schwer verdauliche Milch zu fermentiertem Quark verarbeiten, der weniger Molke und damit auch weniger Laktose enthält. Peter Bogucki, ein amerikanischer Archäologe, hatte aufgrund von siebähnlichen Scherben seit langem vermutet, dass die frühesten Bauern der Jungsteinzeit, in der Bandkeramischen Kultur, im Nordosten Deutschlands und im heutigen Polen ihre Milch so verarbeiteten, doch erst 2013 konnte er dies mithilfe moderner Analysen tatsächlich nachweisen: Wir Barbaren (er hat außerdem ein sehr empfehlenswertes Buch mit diesem Titel veröffentlicht, eine Art Ehrenrettung der angeblich Unzivilisierten), wir Barbaren sind demzufolge die ältesten Käsemacher überhaupt, nämlich seit dem sechsten Jahrtausend vor unserer Zeitrechnung!

Doch zurück in die Alpen. Fast so zerklüftet wie die Landschaft mit den vielen Tälern und Bergketten, die sich über die deutschen, österreichischen und Schweizer Landesgrenzen hinweg erstrecken, ist auch die Familie der Ziger-Käse. Zuerst einmal: Sie haben nichts mit Ziegen zu tun, wenngleich es solche Käse aus Ziegenmilch durchaus gibt. Das Grundprinzip dieser Familie ist »das Zigern«, nämlich das Dicklegen der Milch durch Säure und Hitze statt Lab. Die großen weißen Flocken, die sich dabei im Kessel bilden, werden in Formen geschöpft, tropfen ab und werden meist nur leicht gepresst. Der Glarner Schabziger aus Glarus in Graubünden ist hier eine Ausnahme. Er wird mit Schabzigerklee, einer Bockshornklee-Art gewürzt und in Form kleiner Kegel getrocknet. Dadurch ist er lange haltbar, aber in geriebener Form auch eher als Würze zu nutzen denn als Brotbelag. Doch alle sind sie, vom Südtiroler Graukas über den Toggenburger Bloderkäse bis hin zum Sura Kees aus dem österreichischen Montafon, eher feucht, krümelig und säuerlich und wie Handkäse gewöhnungsbedürftig.

Mir sind sie durch und durch vertraut, obgleich ich mich erst in der letzten Zeit eingehend mit der Ziger-Familie beschäftigt habe. Ich bin nicht nur mit Quark oder vielmehr Weißkäse aufgewachsen, wie wir Quark früher in Berlin nannten und gerne mit Kräutern über Pellkartoffeln löffelten. Nein, die Grund-Käseversorgung meiner Berliner Kindheit wurde durch Harzer sichergestellt, den meine Mutter bis heute am liebsten sehr reif isst – was sicher meine olfaktorische Belastbarkeit trainiert hat. Als ich mich auf die Reise zu den heutigen Versionen dieser alpenländischen Käse-Anfänge machte, hatte ich also keine Berührungsängste.

Mein erster Besuch galt der Montafoner Alpe Vergalda, ich war frohgelaunt und sehr gespannt, Daniel Mangeng kennenzulernen, der dort seit vielen Jahren Sura Kees, also sauren Käse, nach der überlieferten, alten Art herstellt. Trotzdem taten wir uns anfangs etwas schwer, die hochdeutsch sprechende Großstadt-Journalistin aus dem Norden und der im breitesten Dialekt eher polternde bodenstämmige Älpler. Beim Abendessen wollte er mir doch tatsächlich den gereiften Sura Kees verweigern, weil ich den »nicht mögen« würde! Das war vielleicht eine freundliche Vorsichtsmaßnahme seinerseits, aber eben auch eine grundlegende Fehleinschätzung.

Die Vergalda liegt oberhalb von Gargellen im Montafon-Tal, im Süden Vorarlbergs, unmittelbar umgeben von Beinahe-Dreitausendern und sprachlich deutlich von der ursprünglichen Besiedelung durch Rätoromanen aus dem benachbarten schweizerischen Graubünden geprägt. Das Tal gehörte jedoch zum Reich der Habsburger, und die bestanden noch hartnäckig darauf, dass man ihnen Butter in die Tiroler Städte lieferte, zu einer Zeit, als die Milch in anderen Gegenden schon längst zu großen, runden, »süßen«

Labkäsen verarbeitet wurde, den im vorhergehenden Kapitel beschriebenen Bergkäse. Der saure Käse hielt sich im Montafon daher noch lange und wurde durch das neue Bewusstsein für Regionalität Anfang der 1990er Jahre vor dem gänzlichen Verschwinden bewahrt. Doch auch so muss man im Sommer auf die wenigen Alpen klettern (nun gut, im Falle der Vergalda: gehen), weil er nur dort in seiner ursprünglichen Form erzeugt wird. Die Käse der Tal-Molkereien entstehen mithilfe von zugekauften Kulturen und nicht durch natürliche Säuerung im Holzbottich und führen zu einem weniger ausdrucksvollen Erlebnis. Ich flog also nach Zürich, stieg in einen Mietwagen und fuhr über St. Gallen in Richtung Bludenz und dann immer weiter das Tal hinein nach Süden. Es war Spätsommer und im beschaulichen Gargellen bis auf ein paar Wanderer ruhig, die Skilifte geschlossen. Dann war die öffentliche Straße zu Ende, ich stieg aus und fragte nach dem Weg. Man deutete etwas unbestimmt in eine Richtung, »immer am Bach entlang«.

Eine knappe Stunde später, im letzten Abendlicht, stand ich auf der Vergalda, wo Daniel Mangeng und sein Hirte Tobias gerade die Kühe nach dem Melken aus dem Stall ließen, der in drei Teilen wie ein Reihenhaus an den Hang gebaut war. »Habe die Ehre«, tönte es mir entgegen, eine kräftige Hand schüttelte die meine. Dann war ich wieder mir selbst überlassen. Ich beobachtete die Kühe, gut dreißig Tiere in Braun-Variationen von Zimt und Kamelfarben bis nahezu Schwarz, einige gefleckt, viele mit Hörnern, wie sie hinaus auf die Weide trotteten. Dann ging ich den beiden Männern hinterher in die weiß geflieste Käserei, die beinahe das gesamte Erdgeschoss des kompakten Gebäudes einnahm. Daniel war dabei, runde weiße Käse aus Plastikformen zu stürzen und in grobem Salz zu wälzen, das mit Paprika gemischt war. »Das machen wir hier so«, erklärte er ungefragt, »war mal gegen die Fliegen, gehört jetzt aber einfach dazu.« Vieles passierte hier im Spagat zwischen Vergangenheit und Moderne: Zum Spülen der Gerätschaften gab es einen urigen dreibeinigen Holzzuber, aber ich konnte auch eine kleine Zentrifuge und ein Butterfass aus grauem Metall erkennen. Die unter der Decke aufgereihten Holzgebsen kamen wohl nicht mehr zum Einsatz? Die Antwort fiel beinahe unwirsch aus: »Es geht nicht um Romantik oder Folklore, das hier ist harte Arbeit, und es muss Geld bringen.« Das Butterfass war in der Tat hochmodern, interessanterweise stellte sich aber am nächsten Vormittag heraus, dass die Butter nach dem Schlagen trotzdem ziemlich aufwendig und hingebungsvoll vom Älpler selbst mit der Hand geknetet, in Birnholzmodeln geformt und dann verpackt wurde.

Überhaupt, der nächste Morgen. Bis dahin hatten wir gemeinsam gegessen, eine Flasche Riesling geleert, die ich in weiser Vorahnung im Rucksack mitgebracht hatte, und uns mit Anstand durch mehrere Schnapsrunden laviert. Wir waren also beinahe Freunde – trotzdem bekam ich zu hören, dass am nächsten Morgen nicht gekäst würde, dazu gäbe es nicht genug Milch jetzt am Ende der Saison, die hier auf 1800 Meter Höhe von Mitte Juni bis Anfang September dauert.

Das war eine herbe Enttäuschung nach der langen Anreise. Ich würde also umso mehr fragen und noch genauer hinhören müssen. Dafür gab es, überraschend für eine Alpkäserei, ein richtiges Bett für mich in einer der Kammern oben. Ich schlief unruhig, es roch ungewohnt säuerlich statt wie sonst auf der Alp süß-milchig, und der Geruch stieg mir während der Nacht in die Nase, irritierte mich wie ein kalter Luftzug.

Trotzdem stand ich gut gelaunt um kurz nach fünf wieder unten in der Käserei. Draußen war es noch stockfinster, ich hörte Tobias mit langgezogenen Montafoner Lauten die Kühe zum Stall treiben und sah das Licht seiner Taschenlampe tanzen. Die Tiere kannten ihren Platz, und das Melken ging tatsächlich ziemlich schnell. Als das Morgenrot in den Fenstern stand, lief die noch euterwarme Milch schon durch die Zentrifuge. »Viel bessere Ausbeute als mit den Gebsen, die Butter länger haltbar, eine brutale Erleichterung«, polterte es zur Erklärung aus dem Mund meines Älplerfreundes. Die Sahne fürs Buttern floss in eine Kanne, die entrahmte Milch für den Käse in eine andere. Das Sauerkäsen war also heute eine freie Entscheidung, denn beides säuerte erst nach dem Zentrifugieren, und aus der Milch, die selbst entrahmt noch eine wunderbar unaufgeregte Balance von Süße und Würze zeigte, ließe sich theoretisch auch »süßer« Labkäse machen. Stattdessen füllte Daniel damit aber zwei große hohe Holzbottiche auf, deren Deckel nur lose aufgelegt waren. »Weil kontinuierlich frische Milch dazukommt, werden die Säuerungskulturen darin immer weitergezogen«, hörte ich, jetzt etwas ruhiger, »es ist eigentlich ein Reifen und hat viel mit Beobachtung, Gefühl und Erfahrung zu tun, damit die Milch nicht erstickt und dick wird, sondern flüssig bleibt und am Rand kleine Bläschen bildet. Bei Donner und Gewitter ist sie besonders launisch, jetzt muss man schon ein bisschen heizen, im Sommer aber oft mit Wasser kühlen, 12 bis 15 °C ist die ideale Temperatur.«

Um sieben gab es Frühstück und Kaffee, mit frischer Milch. Und Sura Kees, gereift, mit Muffa, wie die äußere speckige Reifeschicht auf Montafonisch heißt. Dieses Mal wurde er mir kommentarlos gereicht. Ich nutzte die Gunst des Moments, um mehr über das Käsen herauszufinden. Dafür, hörte ich, würde am Abend der große Kupferkessel gefüllt (der jetzt mit einem Holzdeckel abgedeckt war, auf dem ein ausgestopftes Murmeltier namens Hedwig thronte) und auf 25 °C erhitzt, damit die Milch sich nochmals über Nacht entwickeln kann, bevor gleich nach dem Aufstehen über mehrere Stunden hinweg wieder auf 35 bis 37 °C angeheizt wird, je langsamer, desto besser. Dann steigt die weiße quarkartige Masse in der gelblichen Molke auf, wird von Älplerhänden von innen nach außen und zugleich hinuntergedrückt und dabei gewendet, bis sie gleichmäßig fest ist und in Formen gepresst werden kann.

Die frischen Käse müssen ein paar Mal gewendet werden, bevor sie dann abends oder am nächsten Tag gesalzen und auf den Holzbrettern in dem kleinen Reiferaum zum Reifen aufgereiht werden.

Auf der Tür zu diesem Allerheiligsten prangte zusammen mit dem Hinweis auf die Verarbeitung von roher, unbehandelter Milch ein unübersehbares, rotweißes Verbotszeichen: Kein Eintritt. Es brauchte noch einen Schnaps und ein langes Gespräch während des Butterverpackens, die Kühe waren längst wieder nur winzige dunkle Punkte im Grün der steilen Hänge, dann durfte ich doch endlich ins Vergalda-Innerste. Hier befand sich die Quelle des säuerlichen Geruchs, der mir nachts in die Nase gestiegen war, in unterschiedlichen Reifestadien, von rötlich weiß bis gelbfließend. »Zuerst treibt es zehn bis 14 Tage die restliche Molke heraus«, hörte ich, »da ›blüht‹ der Käse, und es bildet sich ein haariger Schimmel, der mit lauwarmem Wasser abgewaschen werden muss, erst dann kann sich die speckige Muffa entwickeln. Bis zu einem Jahr kann so ein richtiger Sura Kees lagern, und eigentlich schmeckt er jung noch gar nicht.« Er selbst, so mein polternder und doch so einfühlsamer Älplerfreund, nehme sich immer Käse mit hinunter, für den Winter, wenn er bei einer Ofenbaufirma arbeitet. Und ja, er mache auch gelegentlich »richtige« Ziger aus Molke und Buttermilch, die er auf 90 °C erhitzt, so dass die Flüssigkeit nochmals ausflockt, lässt sie abtropfen, trocknet, mahlt und verfeinert mit Zigerklee. Doch den größten Teil der Buttermilch saufen die Schweine in dem kleinen Stall unterhalb der Käserei, damit es Speck für die Touristen gibt, die längst an den Tischen mit den rotweißen Tischdecken vor der Hütte saßen. Ich bekam noch ein Montafoner Ständchen auf dem Akkordeon, das gehörte zum Älpler-Programm wie Murmeltier und Schnaps, und schon war ich auf dem Rückweg, den Bach entlang, hinunter nach Gargellen und über Bludenz und Zürich nach Berlin. Der leise Duft des Käses im Rucksack begleitete mich. Laut Wikipedia soll Sura Kees ein wahres Wundermittel gegen Kater sein.

Zwei Wochen später war ich wieder in Zürich und fuhr nach Südwesten, diesmal nach Graubünden, bei strahlendem Sonnenschein vorbei an Heidiland und Glarus in Richtung San Bernardino, wo es kurz nach der finsteren Viamala-Schlucht hinter Andeer rechts hinauf nach Sufers geht. Graubünden hat nur wenige Sennereien, weil hier über Jahrhunderte vor allem der Viehhandel mit Italien das wirtschaftliche Gefüge geprägt hat. Das weiß ich von Dominik Flammer, der sich wie kein Zweiter mit der Alpen-Kulinarik auskennt und darüber grundlegende Bücher verfasst und Filme gedreht hat. Er ist auch der Grund, warum ich schon wieder in der Schweiz war, keine 70 Kilometer Luftlinie entfernt von der Vergalda (eine Entfernung, die in den Bergen allerdings ganz anders gemessen wird als auf dem platten Land). Bei seiner Ziger-Verkostung auf dem Käsefestival in Taufers in Südtirol (hinfahren!) hatte ich im März 2016 mit dem Mascarplin aus Sufers Bekanntschaft gemacht, einem acht Wochen gereiften kleinen runden Zigerkäse mit Grauschimmelrinde, aus frischer Ziegenvollmilch. Der war nicht nur ausgesprochen köstlich, sondern stellte auch mein Ziger-Wissen auf den Kopf. Die Textur ähnelte einem gereiften Ziegenfrischkäse, einem Crottin oder Charolais, aber sie war keinesfalls krümelig, sondern beinahe sämig. Die für einen Ziger sehr ungewöhnliche Rinde verlieh ihm Tiefe im Geschmack, sie duftete wie der Vorratskeller meiner Großmutter, wie frischer Waldboden, die zitronige Säure ganz im Hintergrund. Bei derselben Verkostung gab es auch Maschèrpa *stagionata*, also gereiften Molken-Ziger vom Bitto Storico, dem laut Dominik Flammer ältesten Labkäse der Alpen – animalisch, mit feinen Rauchnoten, eine ganze Welt in ein paar Krümeln Käse. Doch mich faszinierte der Mascarplin aus Sufers ganz besonders, weil es sich hier um einen alten Käse handelte, dem der Sprung in die Moderne gelungen war.

Zuerst machte ich aber Station in der Dorfkäserei von Andeer, bei Martin Bienerth und seiner Frau Maria, und fragte sie nach Ziger. »Früher hat man gezigert«, hörte ich (während wir die breite Palette an Andeerer Käse probierten, ausgezeichnete Käse), »weil man Hunger hatte und Molke ein Rohstoff war, den man als Senn im Gegensatz zu Butter oder Labkäse nicht abliefern oder verkaufen musste, sondern selbst nutzen durfte.« Kehrseite davon war der ungeheure Bedarf an Brennmaterial, ganze Wälder seien abgeholzt worden und die Lawinengefahr sei sehr gestiegen. Tschigrun heißt der Ziger auf Rätoromanisch, das kommt angeblich vom keltischen Tsigrós für Käse auf Keltisch, als *mascarpa* hingegen bezeichnet man in Norditalien frischen Ricotta, den man auch Molkenquark nennen könnte – aber genug des sprachlichen Sinnierens, weiter zum Käsekessel in Sufers, wo Vreni und Dionis Zinsli seit 17 Jahren die Dorfsennerei betreiben.

Hier in Sufers gab es keine Eile. Als ich kurz nach acht ankam, die klare Luft von einer ersten kühlen Herbstahnung belebt, der Himmel blau, wartete Vreni Zinsli noch auf die Bauern, die die Milch direkt lieferten. Eine Kanne nach der anderen schütteten sie in das runde Becken, das gleichzeitig als Waage diente, dann spülten sie die Kannen, frotzelten, redeten – ganz klar fungierte die Sennerei als ein Ort der Begegnung. Die Tür stand offen, die Berge mit den schneeweißen Spitzen waren hier wie zum Greifen nah.

Früher wurden in den Alpen neben Kühen traditionell auch Ziegen gehalten, aber das änderte sich, wie so vieles. Die Rezeptur für den Mascarplin bekamen die Zinslis 1992 von einem Käser aus dem Bergell weiter im Süden an der italienischen Grenze angeboten, weil der nicht mehr genug Ziegenmilch auftreiben konnte. »Es war heikel, bis ich das richtig hinbekommen habe, gab es ziemlich viel Schweinefutter«, berichtete die drahtige, lebhafte Vreni Zinsli von den Anfängen. »Dann mussten wir die Nachbarn und Kunden überzeugen, dass der graue Schimmel kein Unfall war und nicht schädlich – genau so etwas möchte man ja auf den anderen Käsen gerade nicht sehen! Allerdings haben die Bauern die Ziegenmilch früher oft mehr schlecht als recht selbst verarbeitet, und Ziegenkäse hatte deshalb allgemein keinen guten Ruf.« Die Geduld und das Geld für ein Patent hätten sich aber gelohnt, jetzt könnten auch sie kaum genug Ziegenmilch bekommen, so groß war die Nachfrage nach dem Mascarplin. »Die Jungbauern wollen lieber Kühe, die machen weniger Arbeit«, seufzte die Sennerin. »Dabei sind Ziegen für die Landschaftspflege wichtig, weil sie auch Sträucher abweiden und Flächen, die für Kühe zu steil sind.«

Von der Ziegenmilch, die neben dem Mascarplin auch zu Frischkäse, Schnittkäse und frischem Ziger verarbeitet wird, kamen hundert Liter in einen kleinen doppelwandigen Dampfkessel, wo sie unter Rühren langsam auf 92 °C erhitzt wurden (auf dem Etikett steht deshalb das Wort »pasteurisiert«). Dann schaltete Vreni Zinsli das Rührwerk aus und gab Essig hinzu – »zum Säuern, man kann dazu alles Mögliche nehmen, auch Zitrone, saure Molke, Joghurt«, erklärte sie. Auf einem Abtropfblech standen bereits kleine runde Plastikformen bereit, und die Milch flockte auch tatsächlich beinahe sofort aus. Nach ihrer Reaktion zu urteilen, war das nicht selbstverständlich. Mit einem Sieb füllte sie 25 Formen, die jetzt noch mehrmals gewendet und am nächsten Tag trocken gesalzen wurden. Nach einer Woche bildete sich langsam der Schimmel, wie das genau funktionierte, neben all den anderen rotgeschmierten Käsen im Reiferaum, wollte sie mir aber nicht verraten. Sei's drum, meine Welt war wieder um eine Ziger-Facette reicher, ich hatte gelernt, dass Zigerkäse auch aus vollfetter Ziegenmilch entstehen und mit Schimmelkulturen auf der Rinde monatelang reifen kann.

Vielleicht nicht schon immer, aber schon immer ganz anders: Norwegischer Brunost

Gunnhild Borlaug und Anna Karine Marstein, Undredal Stølsysteri
Anne Karin Hatling, Skjerdal
Sognefjord/Norwegen
Tove und Knut Åland, Aalan Gård *Lofoten/Norwegen*

Norwegen und Käse? Wer als Tourist in Norwegen unterwegs ist und über den Jarlsberg-Käsetellerrand hinausschaut, sieht Brunost. Kein Frühstücksbüffet, kein Frühstückstisch, ach was, kein norwegischer Haushalt ohne einen solchen braunen Quader. Für die Norweger ist der Brunost Norwegen, so wie es für uns die Elche sind, die aber für die norwegische Identität eher eine, sagen wir, als selbstverständlich betrachtete Nebenrolle spielen. Doch soll das wirklich Käse sein? Technisch gesehen, schon. Der braune Kerl entsteht aus Molke, dem Protein-Powertrunk, der beim »normalen« Verkäsen der Milch als Nebenprodukt in ziemlichen Mengen anfällt. Für Brunost wird sie über viele Stunden eingekocht und karamellisiert dabei.

Ost, gesprochen »uhst«, heißt Käse, und ja, *brun*, »brühn«, heißt braun. Und doch entspricht dieser braune Käse so gar nicht unseren gängigen Vorstellungen von Käse. Wie nähert man sich diesem Kulturgut als Nicht-Norweger? Unbedingt ganz direkt, ohne Vorurteile oder Erwartungen. Vor allem sollte man dabei nicht an Käse denken! Eher schon an Umami, die herzhafte fünfte Geschmacksdimension, oder an das, was die Weinleute als mineralisch bezeichnen. Erst dann ist man frei genug im Kopf, um die beinahe zitronenzestige Säure wahrzunehmen, den Anflug von Karamell, eine leise Ahnung von Süße. Dazu kommt, dass ein richtig guter brauner Käse nicht klebrig-sahnig auf der Zunge bleibt, sondern sehr feinstrukturiert sämtliche Sinneszellen lange beschäftigt. In seiner Art ist er irgendwo zwischen Fudge und sehr kalter Nussnougatcreme anzusiedeln und schmeckt doch ganz anders. Dieser wundersame Stoff – bei dem immer auch ein *ostehøvelen* liegt, ein (selbstverständlich in Norwegen erfundener) Käsehobel zum Abschaben dünner Scheiben – gehört zu den unentbehrlichen Requisiten des norwegischen Nationalbewusstseins wie die englische Würzpaste Marmite für die Engländer oder der Khatchapuri-Käsefladen für die Georgier. Unverrückbar, zeitlos.

Aber nichts war schon immer da: Der Käsehobel etwa ist erst 1925 erfunden worden, vor nicht einmal hundert Jahren. Norwegen und Käse? Es gibt auch eine andere Antwort: Skjørost, Pultost und Gamalost, wörtlich übersetzt respektive saurer, »grütziger« und alter Käse. Alle drei Sorten waren schon im Mittelalter bekannt und werden bis heute ohne Zusatz von Lab aus entrahmter Sauermilch hergestellt. Sie sind eng verwandt mit den »Urkäsen« der Alpen wie Sura Kees und Graukas und der uns in Deutschland noch näherliegenden Familie der Harzer-Korb-Quargel-Handkäse. Für traditionellen, »sauren« Skjørost (nicht nur etymologisch nah am Skyr, der isländischen Quark-Variante, und auch er ein Nachfolger der barbarischen *lac concretum*) lässt man die entrahmte, saure Milch in Tüchern abtropfen und zerkrümelt den so entstehenden trockenen Quark. Wenn man ihn in Formen drückt und Schimmel darauf wachsen lässt, kann man Monate später Gamalost, alten Käse genießen, der bei den Norwegern einst in hohem Ansehen stand – *gamal* heißt nicht vergammelt, sondern alt. Pultost, grützige oder krümeliger Käse, entsteht auch aus Skjørost, aber er wird nur kurz gereift und mit Salz und Kümmel vermischt, ohne Schimmel. Alle drei sind heute für nicht norwegische Gaumen ziemlich gewöhnungsbedürftig. Warum hat man sie produziert und gegessen? Aus exakt demselben Grund wie die verschiedenen Arten von Handkäse hierzulande: Butter war eine wichtige Handelsware, und bei ihrer Herstellung fiel ziemlich viel entrahmte, saure Milch an. Die Butter musste man verkaufen, mit dem sauren, mageren Käse aus dieser Milch versuchte man selbst über die Runden zu kommen. Tradition entsteht, wenn man das Beste aus wirtschaftlichen Zwängen macht.

Doch die Wirtschaft ändert sich, und im Laufe des 19. Jahrhunderts tat sie dies durch die Industrialisierung sehr grundlegend und auf vielfältige Weise; in den Alpen, im Flachland, und auch in Norwegen. Während man zuvor Schwierigkeiten gehabt hatte, die Tiere durch den Winter zu füttern, machte ab Mitte des 19.Jahrhunderts das Wissen ums Düngen große Fortschritte. Man säte nun Futtergras auf Ackerland, statt ausschließlich Naturweiden und Wälder zu nutzen, und begann, die Tiere auch im Winter und unten im Tal zu melken und aus der Milch Butter und Käse zu produzieren.

Der Schriftsteller Jeremias Gotthelf hat diese Entwicklung in der Schweiz miterlebt. Er schreibt in seinem 1850 veröffentlichten Buch *Die Käserei in der Vehfreude* über ein Dorf im Emmental: »Zu Ende des verflossenen Jahrhunderts und im Anfang des gegenwärtigen fand eine große Revolution in der Landwirtschaft statt. Bis dorthin weidete man viel im Feld auf der Brache, in Wald und Weide, zog Rinder und Pferde auf, handelte stark, besonders mit den Letztern, nach allen Weltgegenden. Da ward das sogenannte Kunstgras erfunden, das heißt, Klee, Esparsette, Luzerne kamen ins Land, die Stallfütterung ward möglich, die Brachwirtschaft hörte auf, die Wälder wurden geschlossen, die Weiden urbar gemacht und Kartoffeln massenhaft gepflanzt, nicht bloß so gleichsam zum Dessert. Sobald das Vieh im Stalle war, gab es Dünger, dicken und dünnen, fleißig und verständig ward er angewandt, die Felder trugen alle

Jahre mehr ab. Das urbare Land erweiterte sich auch in dem Maße, als man mehr Dünger hatte, ebenso mehrte sich der Viehstand und namentlich die Kühe, welche Nutzung gewährten, während mit den verminderten Weiden die Zucht und namentlich die Pferdezucht abnahm. Mit den Kühen mehrte sich die Milch, denn es greift alles ineinander und eines entsteht aus dem Andern auf gar seltsame Weise und oft so fein, dass das menschliche Auge die Fäden nicht einmal sieht, viel feiner als Kühe und Milch. Man butterte auf Leib und Leben; aber die Butter wurde damals nicht wie jetzt nach Holland ausgeführt, eingesalzen als Schiffsanken gebraucht. Wie wenig die Butter galt, bezeugt der Vers an einem Türli: ›O Mensch, fass in Gedanken, drei Batzen gilt ds Pfund Anken!‹ ... Man kam auf den Gedanken, ob die Milch von Kühen, welche mit Gras in Ställen gefüttert würden, nicht ebenso gut zum Käsen tauge als die Milch von Kühen, welche auf Alpen zur Weide gingen.«

So wie es Gotthelf für die Schweiz beschreibt, mussten sich auch die Bauern und Senner in Norwegen an neue Bedingungen anpassen. Es gab immer mehr Milch, und man begann, Molkereien zu gründen, in denen die Milch gemeinschaftlich und effizienter zu Butter verarbeitet wurde. Trotzdem fielen die Preise, und obendrein machte die neu erfundene Margarine der Butter Konkurrenz. Schließlich brach durch die billigen Importe aus den USA und Russland auch der Getreidemarkt ein, ein weiteres wichtiges wirtschaftliches Standbein der Bauern.

Als Reaktion auf diese Krise, so heißt es, sei 1863 der Brunost erfunden worden, und zwar von Anne Hov, einer Sennerin aus dem Gudbrandsdalen. Das Gudbrandsdalen ist ein saftig grünes Tal, das sich von Lillehammer 320 Kilometer lang nach Nordosten zieht und frühen Siedlern wie das gelobte Land erschienen sein muss. Hier konnte man, anders als in vielen anderen, felsig kargen Teilen des Landes, überhaupt in nennenswerter Zahl Kühe halten, und das Buttermachen florierte. Damals war das Einkochen von Molke zu braunem Käse im Gudbrandsdalen-Milchverwertungs-Universum (wo der braune Kerl ursprünglich *raudost*, also roter Käse hieß) nicht gerade üblich. Denn süße Molke fiel vor allem dann an, wenn man die frische Milch mit Lab verkäste, und das war bis zu diesem Zeitpunkt, als man vor allem Butter produzierte, ein seltener Luxus für besondere Anlässe, etwa zum Viehabtrieb im Herbst. Dann war es auch schon etwas kühler: Im Sommer, der wichtigsten Produktionszeit, säuerte die Milch beim Aufrahmen, und man verarbeitete sie zu den eingangs beschriebenen sauren Käsesorten – denn saure Molke schmeckt eingekocht zu braunem Käse noch saurer (eher gebräuchlich war eine weniger konzentrierte Zwischenstufe, Prim).

Doch Anne Hov hatte »echten« roten Käse probiert, aus Ziegenmilch beziehungsweise -molke, die viel aromatischer schmeckt als Kuhmolke. Wir dürfen nun vermuten, dass dieser rote beziehungsweise braune Ziegenkäse, *geitost* (*geit*, »gejt« gesprochen wie in hej, heißt die Ziege auf Norwegisch), von den steilen Hängen eines felsigen Fjords kam, vielleicht aber auch von einem benachbarten Bauern, der im Sommer oben am Berg zusätzlich zu seinen Kühen Ziegen hielt. Anne Hov hatte keine Ziegenmilch, da, so heißt es, ihr Vater keine Ziegen mochte. Deshalb versuchte sie, den Geitost aus Kuhmilch nachzubauen, und kippte dazu einen ordentlichen Schuss Sahne in ihren Molke-Kessel. Was den anderen Bauern sicher missfiel. Man denke nur an die pietistisch-misstrauischen Reaktionen in dem Film *Babettes Fest*, in dem die französische Köchin Babette der ländlich-sparsamen Gemeinde ein luxuriöses Mahl mit Champagner und Schildkrötensuppe serviert. Dieser Film nach einer Novelle von Karin Blixen spielt um 1870 in Dänemark, doch darf man in Norwegen von ähnlich religiös-sparsam-strengen Grundsätzen ausgehen. Anne Hov hatte ein ebenso gutes Gespür wie Babette im Film: Sahne und damit

Fett bringt Geschmack ins Spiel. Der rotbraune Käse, der so entstand, schmeckte deutlich süßer und einfach besser.

Doch es dauerte noch zwanzig Jahre, bis Anne Hovs neue Rezeptur größere Wellen schlug. Erst als die Butterpreise weiter sanken, besann sie sich auf ihren süßen braunen Käse, und andere Bauern betrachteten ihn nun mit neuen Augen: Es ließ sich damit nämlich fast derselbe Preis erzielen wie mit Butter, und der Ertrag war deutlich größer. Nicht lange, und der neue rote braune Käse war als *Gudbrandsdalost* vor allem in Oslo sehr begehrt. Die Stadt, die damals noch Christiania bzw. Kristiania hieß, wuchs und entwickelte sich genau um diese Zeit durch die Eisenbahn zu einem wichtigen Absatzmarkt. Damit nicht genug: Man war hier sehr aufs norwegische Nationalbewusstsein bedacht, um sich endlich von Dänemark und Schweden abzugrenzen. Da kam so ein ganz eigener, »unsriger« Käse gerade recht! Hatte man den nicht »schon immer« gegessen als Norweger? Die Bauern stiegen nun verstärkt in die Gudbrandsdalost-Produktion ein, mit Beginn der 1890er Jahre fanden Zentrifugen reißenden Absatz, die das Abtrennen von Sahne ohne das Risiko des Säuerns ermöglichten. Labkäse wurden zum Nebenprodukt, alles drehte sich nur noch um die Molke und das Einkochen zum braunen Käse. Die Wälder um die Siedlungen wurden aufgrund des enormen Holzverbrauchs bald deutlich dünner, und 1908 gründete sich ein Verband, um Qualitätsrichtlinien für den Gudbrandsdalost festzulegen, der nun mindestens zehn Prozent Ziegenmilch enthalten musste.

Auch im Bregenzerwald kam man übrigens auf die Idee, süße Molke einzukochen. Das ebenso braune Ergebnis heißt Sig oder Wälderschokolade. Doch Zeit- und Energieaufwand haben daraus eine kuriose Rarität werden lassen. Nur im dünnbesiedelten Norwegen hat sich brauner Käse maßgeblich erhalten. Allein von Tine, der allgegenwärtigen norwegischen Molkereigenossenschaft, gibt es ihn heute in zwölf Varianten, darunter den Gudbrandsdalost

»Original« mit dem Zusatz G35, als Hinweis auf *Geit*/Ziegenmilch und 35 % Fett in der Trockenmasse.

Die Qualitätsspitze des Brunosts unserer Tage ist das allerdings nicht, die gibt es nicht im Supermarkt. Für die muss man nach Norwegen, ins Land der Fjorde, Wälder und Wasserfälle. Muss knappe drei Stunden von der Stadt Bergen ins Landesinnere fahren, an einen Ausläufer des mächtigen, langgestreckten Sognefjords, dieser gewaltigen Schlucht, die sich 200 Kilometer tief ins Landesinnere zieht und Kreuzfahrtschiffe wie Spielzeugboote erscheinen lässt. Auf dem Weg dahin sollte man unbedingt in Borgund anhalten und die über 800 Jahre alte Stabholzkirche besuchen: Der hohe Holzbau mit dem verteerten, vielstufigen Dach mutet, schaut man vom Kirchraum hinauf, wie ein umgekehrtes Schiff an und erinnert nicht nur an Wikingerzeiten, sondern wirkt im Innern auch so überraschend klein und bescheiden, dass er einem jene Menschen nahebringt, die hier in bescheidener Demut dankbar ihre tägliche Grütze löffelten. Gönnten sie sich sonntags ein Stückchen Brunost?

Undredal am Sognefjord ist ein winziges, pittoreskes und doch sehr lebendiges Dorf, das bis 1988 ausschließlich mit dem Boot zu erreichen war. Hier hat sich fernab von Tine die traditionelle Herstellungsart des Brunost erhalten. Er heißt hier *Ekte Geitost*, echter Ziegenkäse, und wird aus Ziegenmolke eingekocht, schon immer (die unveränderbare Ewigkeit nehmen so viele für sich in Anspruch, siehe Käsehobel), mit der brusttontiefen Überzeugung, dass dies die einzige, echte, beste Form des Brunost sei, mit wesentlich mehr Würze und Geschmackstiefe als alle Tine-Produkte einschließlich dem Gudbrandsdalost »Original« G35 (kein Einspruch zu letzterem).

Gunnhild Borlaug und Anna Karine Marstein führen die 1982 von vier Familien gegründete Käserei Undredal Stølsysteri, die an einem tosenden, Kälte verbreitenden Wasserfall liegt. Ihre 230 Ziegen ziehen über den Sommer in drei Etappen bis hinauf ans Ende des Tals, wo heute die Straße vor dem Flenja-Tunnel abbiegt. Aber nicht nur diese Verkehrsanbindung ist neu, 1997 ging von Undredal auch die Initiative zur Gründung des Verbands norwegischer Hofkäser aus. Damit setzte sich die damalige Mitinhaberin Pascale Baudonnel erfolgreich für die überlieferten Herstellungsmethoden und die Verwendung unbehandelter Rohmilch ein. Durch ihre »kontinental« geprägte Kultur sorgte die gebürtige Französin, die heute an der Westküste Norwegens lebt, auch für ein besseres Ansehen des vormals als Nebenprodukt vernachlässigten und oft ungesalzenen »weißen« Labkäses. Das Café am Bootsanlegesteg von Undredal verkauft sämtliche Erzeugnisse der Käserei, und der sechs Monate alte »weiße« Hartkäse schmeckt ebenso komplex wie der dichte, auf faszinierende Weise von zitrusstrahliger Säure geprägte braune Käse.

Als ich in Undredal an einem Morgen im August in die Stølsysteri komme, steht Gunnhild Borlaug schon seit vier Uhr an dem großen runden Kessel, in dem ein Rührwerk die bereits ziemlich zähe braune Masse ständig in Bewegung hält, damit sie nicht anbrennt. Die Molke wird für Brunost auf ein Zehntel des Volumens eingekocht, und das passiert hier in zwei Etappen. Am Vortag haben Gunnhild und ihr Kollege die Milch (die zwei Arten von Protein enthält) mithilfe von Lab zu Käse verarbeitet (das ist das eine Protein, das Kasein) und die dabei anfallende Molke (mit dem anderen, sogenannten Molkenprotein) so schnell wie möglich zum Kochen gebracht, um die Aktivität der Milchsäurebakterien zu stoppen – der süße Milchzucker soll schließlich karamellisieren! Anders als beim Ricotta, der auch durch das Erhitzen von Molke entsteht, bei dem das Molkenprotein aber ausflockt, wird es hier bewusst in die Molke verrührt. Bis zum späten Nachmittag dampft es im Kessel, dann ist erst einmal Feierabend. Früh am nächsten Morgen kommt dann noch etwas frische Milch oder Sahne hinzu, für noch mehr Milchzucker.

Schließlich, nach insgesamt acht bis zehn Stunden, ist die entscheidende Phase erreicht: Mit einem großen Gummispatel streift Gunnhild die nun zähe braune, karamellsüß duftende Masse immer wieder vom Rand des Kessels ab und betrachtet sie prüfend: Flache Blasen soll sie schlagen am Kesselboden und an den Fingern nicht mehr kleben. Exakt im richtigen Moment – sonst wird der Käse zu feucht oder zu trocken, hält sich nicht oder bricht beim Lagern – hebt sie große, reißende Stücke wie festen Brotteig aus dem Kessel in eine Wanne. Leicht abgekühlt schneidet sie mit einem Faden große Brocken ab, die sie auf dem Tisch schlägt und knetet wie Brot. Dann drückt sie sie fest in oben und unten offene, aufklappbare Formen. Früher seien es Holzformen mit geschnitzten Mustern oder den Initialen der Käserinnen gewesen, sagt sie. Heute hingegen kommt vor allem Kunststoff zum Einsatz, genauso wie die Käse an den Enden nicht mehr mit einem flach gedrückten Stück Brunostmasse vor dem Austrocknen geschützt werden, das man beim nächsten Käsekochen wieder in die Molke gab, sondern mit Plastikfolie. Allem Traditionsbewusstsein zum Trotz herrscht hier ein gesunder Pragmatismus, es ist ein wirtschaftliches Unternehmen, kein Museum. Die Quader werden über Nacht kühl gestellt, dann aus den Formen genommen und verpackt: fertig. *Ekte Geitost*.

Meine nächste Brunost-Etappe ist Skjerdal bei Aurland, schräg gegenüber von Undredal auf der anderen Fjordseite (und doch mit dem Auto eine gute halbe Stunde), wo ich Anne Karin Hatling besuchen will. Man sollte hier unbedingt im Juli oder August auftauchen, denn nur dann zieht die lebhafte, drahtige Anfang-Fünfzigerin mit ihren Ziegen auf die 400 Meter über dem Hof gelegene kleine Sommer-Alm, wo sie alltäglich morgens und abends Käse macht und nebenbei Touristen bewirtet. Ihre siebzig Tiere sind weiß, braun, grau, mit langem Fell und kurzem Fell, alle wunderschön und ziemlich schlau. Sie finden sich beinahe von allein pünktlich zum Melken ein und meistern behände die steilen Hänge – in Norwegen gilt der Titel Bergziege als Kompliment, das auch der Königin zuteilwird. Der Skjerdal-Käse ist ebenso kompromisslos charaktervoll wie die Landschaft und Anne Karin selbst. Sie arbeitet bewusst »ganz traditionell«, über offenem Feuer, im Kupferkessel, mit natürlichem Abzug und Birkenholz. »Damit der traditionelle Käse überlebt«, sagt sie, und meint damit auch: damit der Brunost nicht vom französischen, internationalen, nichtnorwegischen verdrängt wird.

Doch die Veränderung, die zieht selbst hier ein: In einer Ecke stehen ein paar kleine runde Formen zum Abtropfen, Frischkäse, wie alles andere aus unbehandelter Milch. Den macht sie seit kurzer Zeit, so richtig passt er noch nicht in den Ablauf – aber verkaufen könnte sie eigentlich viel mehr davon. Der »neue« Käse hat sich so unbemerkt in die Skjerdal-Welt eingeschlichen, dass er noch nicht mal einen richtigen Namen hat. *Ferskost*, frischer Käse, nennt sie ihn. Die herausragende Milchqualität der freiweidenden Norwegerziegen und Anne Karins Gespür für Landschaft, Tiere, Milch und Käse kommen darin noch stärker zum Ausdruck als im (großartigen) Brunost: Der *ferskost* liegt genauso schwerelos und zugleich imposant auf der Zunge, wie die Berghänge im Nebel über den Tiefen des Fjords schweben und an chinesische Tuschelandschaften erinnern. Ist dieser namenlose frische Kerl ein richtiger Norweger? Selbstverständlich – die Zeiten ändern sich, auch in Norwegen.

Natürlich war ich auch im Gudbrandsdalen. Um Anne Hov kennenzulernen bin ich viel zu spät dran, die ist Mitte der 1930er Jahre mit knapp 90 Jahren gestorben, nachdem sie kurz zuvor noch mit der königlichen Verdienstmedaille ausgezeichnet worden war. Doch in Lesja gibt es seit 2005 die Avdem Gardsysteri (*gard* ist der Hof, *ysteri* eine Käserei), die ganz ihrem Geist entspricht. Fünf Frauen und ihre Familien haben sich hier zusammengetan und eine Neugründung gewagt, weil sie ihre Milch unbehandelt verarbeiten wollten, statt sie an Tine abzuliefern. Sie arbeiten ebenso innovativ und qualitätsbedacht wie einst Anne Hov. Pultost, Prim, einfach alles ist gut hier. Der Huldreost, ein nach weiblichen Waldgeistern benannter und mit Wacholder, Engelwurz und Aquavit gewürzter, sehr dunkler Brunost ist jedoch eine Kategorie für sich, Käse und Schokotrüffel in einem (so befand übrigens auch das damals als bestes Restaurant der Welt nominierte Noma in Kopenhagen). Außerdem lässt sich hier Gubb erleben, traditionell der letzte Käse der Sommersaison, den man auf der Alpe, der *sæter*, unmittelbar vor dem Viehabtrieb produzierte, wenn nicht viel Zeit blieb zum Käsemachen und Molke-Einkochen. Dafür wird der Käsebruch (die quietschigen Krümel, die uns vom Hüttenkäse vertraut sind) mit der Molke eingekocht und karamellisiert. Das Ergebnis schmeckt frischer und vergnügter als Brunost, wie die norwegische Variante einer Kreuzung aus New York Cheesecake und Marshmallow.

Und schließlich führte mich der Brunost auch bis hinauf zu den Lofoten, den achtzig Inseln nördlich des Polarkreises (und trotzdem noch weit entfernt vom Nordkap). Dort geht das Leben seinen ganz eigenen Gang, weite Heidelandschaften umarmen enge Fjorde und nebelverhangene schroffe Felsen. Aalan Gård liegt am Ende einer Schotterstraße im Lauvdalen, Tove und Knut Åland haben den Hof 1981 von Knuts Eltern übernommen und sukzessive ausgebaut. Seit bereits 21 Jahren verarbeiten sie die Milch ihrer heute 200 Ziegen zu einer Vielfalt unterschiedlicher Käse. Als sie anfingen, machte in den Lofoten niemand mehr Käse. Nur Gomme, geronnene und leicht karamellisierte Milch, die zu Waffeln gegessen wird, kochten die Frauen noch selbst ein. Also fragten sie alte Leute nach Rezepten, gingen in die Schweiz zum Lernen und entwickelten ihre eigenen Käse. Brunost war trotzdem eine Selbstverständlichkeit, und natürlich schmeckt er hier, in dieser vom Meer umgebenen, lichtdurchfluteten Welt, wieder ganz anders als am Sognefjord oder im Gudbrandsdalen. So hell und frisch der weiße Käse namens Capra der Ålands auftritt, so kakaobraundunkel und konzentriert ist ihr Brunost, wie eine umamigeladene Glace de Viande, ein Fleischkonzentrat, das dann aber doch nicht schwer oder salzig, sondern heiter und frisch endet. Wie die beiden selbst, die trotz aller Arbeit sehr entspannt mit mir Kaffee trinken, sie mit dem Strickzeug in der Hand – »die Arbeit läuft nicht davon«, sagt er, und meint es nicht ironisch. Mit ihren Käse sind sie Teil dieser wilden, stillen Welt der Flechten, Gräser und des Wassers. So war es nicht schon immer, und wird es sicher nicht für immer sein, aber so ist es jetzt.

P B

Die Wieder-Entdeckung der Tradition: Cheddar

Montgomery's, Keen's und Westcombe *Somerset/Großbritannien*
Ruth Klahsen, Monforte Dairy *Ontario/Kanada*

Cheddar ist der englische Käse schlechthin, so englisch wie die Queen und die endlosen Gespräche übers Wetter. Über die Hälfte des in Großbritannien verkauften Käses trägt diesen Namen, 2016 hat jeder auf der Insel durchschnittlich 6,7 Kilogramm davon konsumiert. Wie es sich für eine solche Ikone gehört, gibt es tatsächlich einen Ort namens Cheddar, oder vielmehr eine ziemlich spektakuläre Schlucht, mitten im saftig grünen Somerset, südwestlich von Bristol und eine knappe Autostunde davon entfernt. Die Cheddar Gorge ist nicht nur die mächtigste Felsschlucht des Vereinigten Königreichs, 1903 wurde hier auch, gerade rechtzeitig zu Beginn des Volkstourismus, *Cheddar Man* entdeckt, ein 9000 Jahre altes menschliches Skelett. Guter Stoff für erfolgreiches Marketing. Aber natürlich kommt weder der ganze Cheddar aus Cheddar (der Begriff als solcher ist genauso wenig geschützt wie Gouda oder Bergkäse), noch ist Cheddar gleich Cheddar. Zwischen einem in Plastikfolie eingeschweißten blassgelben Block aus dem Supermarkt und einer im Fachgeschäft frisch geschnittenen Ecke eines stoffbandagierten Laibes liegen Welten, nicht zuletzt auch finanziell betrachtet: Bei ersterem gibt es ein ganzes Kilo für einen Fünf-Pfund-Schein, bei letzterem keine 200 Gramm. Doch welch ein Unterschied! Einerseits neutral bis allenfalls säuerlich-sämig-salzig-oberflächlich und schnell vergessen, während andererseits … ja, wie?

Richtig guter Cheddar hat viele Dimensionen und Facetten. Eine Struktur, die zugleich mürbe, beinahe schiefrig blätternd bröckelt und doch saftig ist. Tiefe, komplexe Aromen, von getrockneten gelben Früchten und Tabak über erdig-frische Meerrettichwurzel bis hin zu den Umami-Noten von dunklen Pilzen und Fleischsaucen. Und Säure, das A und O aller traditionellen englischen Käse, spielt auch hier mit, aber nicht vordergründig »scharf« (auf Englisch hört man in diesem Zusammenhang oft den Begriff *sharp*, wie eine Messerklinge), sondern zitronig von strahlend bis dezent. Manchmal auch noch etwas Süßes, Butterscotch, Karamell …

Man kann auch im Supermarkt durchaus guten Cheddar kaufen (jedenfalls bei den besseren Ketten), doch für die Topqualität ist die langjährige Erfahrung der Käsehändler bei der Auswahl der besten Laibe ebenso entscheidend wie die Herkunft des Käses. Dafür geht man also in London zu Paxton & Whitfield (königlicher Hoflieferant) oder zu Neal's Yard Dairy (Retter der britischen Käsekultur). Spätestens dort wird klar, dass der heilige englische Käse-Gral des Cheddars eigentlich ein Dreigestirn ist: Keen's, Montgomery's und Westcombe.

Wenn ich über Qualität nachdenke, habe ich eine Pyramide vor Augen. Je größer das Fundament einer Pyramide ist (und bei Cheddar ist sie gewaltig, denn die eingangs genannte Zahl betrifft lediglich Großbritannien, aber auch in Kanada, den USA, Australien und Neuseeland wird Cheddar hergestellt), desto wichtiger ist eine starke Spitze, die alle in die Höhe zieht und dem Verflachen entgegenwirkt. Diese drei Höfe in Somerset südlich der Cheddar-Schlucht und eine Autostunde entfernt, bilden die gegenwärtige Spitze der großen Cheddar-Pyramide. Drei Familien, die vieles ganz ähnlich machen und doch jede ihren ganz eigenen Stil haben. George Keen, Jamie Montgomery und Richard Calver (der seinen Käse unter dem Namen des Hofes vermarktet, Westcombe) sind die Cheddar Boys.

Sie haben sich 2003 unter dem Vorsitz von Neal's-Yard-Dairy-

Gründer Randolph Hodgson zu einem Slow-Food-Präsidium namens »Artisan Somerset Cheddar« zusammengetan und dafür klare Qualitätsregeln formuliert. Sie verarbeiten ausschließlich ihre eigene, unbehandelte (also nicht pasteurisierte) Milch, verwenden nur tierisches Lab und eigene Starterkulturen (*»bulk pint starters«*), bandagieren ihre Käse traditionell mit Stoff und Schmalz und bringen sie frühestens nach elf Monaten auf den Markt. Sie unternahmen diesen Schritt in Reaktion auf eine 1994 eingeführte, sehr weitmaschig definierte EU-Herkunftsbezeichnung für »West Country Farmhouse Cheddar Cheese«. Es ist sicher richtig, dass sich Cheddar nicht ausschließlich in Somerset, sondern im gesamten Südwesten entwickelt hat, und diese Bezeichnung daher auch Dorset, Devon und Cornwall einschließt. Darüber hinaus wurde 1994 seitens der EU jedoch wenig präzisiert: Trotz des Begriffs Farmhouse (der auf dem eigenen Hof, aus der Milch der eigenen Kühe produzierten Käse suggeriert) kann bei Versorgungsengpässen sogar Milch aus anderen Teilen Englands zugekauft werden, sie darf pasteurisiert werden, und der Käse kann als Block in Folie reifen – man könnte das Ganze auch als eine Art Freibrief für die großen Erzeuger sehen, um sich mit dem Renommee der kleineren, feineren zu schmücken.

Stoffbandagiert, Block, Folie – spätestens an dieser Stelle beginnt sich der nicht englische Käsegenießer zu fragen, wie Cheddar denn nun eigentlich entsteht. Ich habe lange gebraucht, um das richtig zu begreifen, was sicher auch daran liegt, dass ich nicht mit ihm aufgewachsen bin und er erst ziemlich spät Teil meines großen Käse-Universums wurde (dafür ist er heute umso wichtiger). Doch kommt er eben auch wirklich in höchst unterschiedlicher Form daher, von Minilaiben bis zu Riesenblöcken, von quietschorange bis vornehm blass, mit Naturrinde, in Stoff bandagiert, in Wachs getaucht oder in Folie eingeschweißt, gummiartig jung oder mehrere Jahre gereift mürbe bröckelnd, sauer-scharf oder umami-herzhaft. Entsprechend der Tradition wird er meist aus Kuhmilch gemacht, doch gibt es längst Cheddar aus Büffel-, Ziegen- oder Schafsmilch. Um sein Wesen zu begreifen, muss man so nah wie möglich an seinen Ursprung, auf die Höfe nach Somerset.

Warum gerade Somerset? Eine Antwort darauf lautet: Klima und Boden, also Terroir. Reichlich Niederschlag und fruchtbare, schluffige Tonlehmböden ohne Nässestau – das bedeutet jede Menge gutes Gras, und dieses wiederum ergibt in Kombination mit den passenden Kühen proteinreiche Milch (das Verhältnis von Fett und Protein ist entscheidend beim Käse, da die Proteine das Fett einbinden müssen). Als Jamie Montgomerys Großvater, ein Londoner Investmentbanker mit großem landwirtschaftlichen Interesse, 1911 das herrschaftliche Anwesen in North Cadbury kaufte, galten Shorthorn-Kühe als die besten Milchlieferanten, um Cheddar zu machen. In den 1960er Jahren erfolgte eine radikale Umstellung auf die robusteren Ayrshire aus dem Süden Schottlands, deren reichhaltige Milch man durch das Kreuzen mit hocheffizienten Holstein-Rindern in der Menge zu steigern versuchte. Jamie Montgomery züchtet seine Herde heute behutsam zurück in Richtung Ayrshire und melkt gegenwärtig 180 Kühe für seinen Cheddar. »Frischmilch nach London zu transportieren ist noch nie eine Option gewesen«, sagt er, »wir haben immer Käse gemacht.«

In der Tat war Cheddar schon Mitte des 17. Jahrhunderts bekannt und begehrt, bereits damals hatte sich hier ein gewisser Typus von Käse etabliert. Das maritime, also feuchte und milde Klima im Südwesten Englands ist dabei nicht nur für das Gras verantwortlich, das von den Kühen zu Milch verwandelt wird. Es spielte zu einer Zeit, als es noch keine moderne Kühl- und Klimatechnologie gab, auch eine prägende Rolle bei der Käsereifung; hier herrschen ganz andere Bedingungen als etwa am Mittelmeer oder im Alpenraum. Doch ebenso entscheidend waren die Menschen, die

die Milch beim Erwachsenwerden begleiteten, genauer gesagt, die Frauen.

Denn Cheddar wurde wie all die anderen traditionellen englischen Käse von den Bäuerinnen gemacht, und die hatten, anders als etwa bei der Produktion auf der Alp, wo sich während des Sommers alles um Milch und Käse dreht, noch jede Menge andere Aufgaben. Auf den Höfen lag die Käserei (in den meisten Fällen wahrscheinlich ein zu hochgestochener Begriff für den Raum, in dem die Milch verarbeitet wurde, eher die Milchkammer) direkt neben der Küche. Käsemachen gehörte zum Lebensalltag der Frauen, war aber beileibe nicht ihr Lebensmittelpunkt. Während die Milch in vielen kleinen Schritten zu Käse wurde, wollten Kinder und Hühner versorgt werden, musste Gemüse geerntet und Essen gekocht werden. Dementsprechend entwickelten sich »langsame« Rezepturen, mit vielen einzelnen, über mehrere Tage verteilten Arbeitsschritten, so dass immer wieder Raum für andere Aufgaben blieb.

Was macht Cheddar nun so anders als Comté oder Gouda? Wie bei allen festen, größeren Käsesorten geht es auch hier darum, einerseits so viel Molke wie möglich von der festen Masse, den durch Lab geronnenen Proteinen und dem Fett, zu trennen und andererseits die Umwandlung von Milchzucker zu Milchsäure sicherzustellen und damit für zuverlässige Haltbarkeit zu sorgen. Bei beiden Vorgängen hilft Wärme, und während in den Alpen durch das reichlich vorhandene Holz langes Rühren und starkes Erhitzen über dem Feuer Sinn machte, sah das für die Bäuerinnen im Südwesten Englands ganz anders aus. Sie (und bis heute alle traditionellen Cheddar-Erzeuger) erwärmten den Bruch nur leicht in der Molke (das sogenannte »*scalding*«), ließen dann aber letztere ab, so dass sich die Käsemasse auf dem Boden des Kessels zu einem großen, gummiartigen Fladen absetzte. Der wurde in der Mitte eingeschnitten, damit die Molke besser abfließen konnte, und durfte nicht zu schnell abkühlen, damit die Milchsäurebakterien aktiv blieben, die es wie so viele natürliche Prozesse rund um den Käse gerne körperwarm haben. So entwickelte sich das »*cheddaring*«: Die zwei langen Bruchfladen wurden quer in Blöcke oder Streifen geschnitten und jeweils bedeckt mit Tüchern entlang der Wand des Kessels übereinandergelegt und immer wieder umgestapelt. Das hielt sie warm und veränderte zugleich durch den Druck ihre grobkörnige Textur zu immer dünneren, lederartigen Schichten. Dora Saker, die 1917 das Standardwerk »*Practical Cheddar Cheese-making*« publiziert hat, beschreibt diesen Vorgang in ihrem Buch: Am Ende soll der Bruchfladen samtig, wie Wildleder sein. Diese Fladen riss man wieder in kleine Stücke, anfangs mühselig mit der Hand, ab Ende des 18. Jahrhunderts mit einer Mühle, salzte sie und drückte sie in Formen. So erklärt sich die schiefrig-blätternd-bröckelige Textur der fertigen Käse.

Und die Stoffbandagen? Das Schmalz? Ein traditioneller Cheddar, der etwas auf sich hält, ist mit Nessel bandagiert. Das stabilisiert den großen Laib und ist gleichzeitig atmungsaktiv. Das Schmalz war traditionell auf den Höfen vorhanden, weil mit der anfallenden Molke Schweine gefüttert wurden, aus deren Rückenfett man Schmalz ausließ, dient dazu, die Stoffbahnen ohne Lufteinschluss an den Käse anzudrücken, damit sich kein Schimmel bildet. Je nachdem, wie viel Schmalz man dabei nutzt, wird die Rinde feuchter oder trockener, die Textur kremiger oder trockener, und es entstehen wiederum unterschiedliche Aromen im Käse. Jahrelang habe ich bei Neal's Yard Dairy das Somerset-Dreigestirn probiert und den saftigeren, volleren Keen's vorgezogen. Momentan schwanke ich zwischen dem kremig-nussigen Westcombe (an Ich-brauche-Seelenfutter-Tagen) und dem kräftig-komplexen Montgomery (wenn ich fit bin).

George Keen und Jamie Montgomery sind stolz darauf, alten Käsedynastien anzugehören – von den Problemen, mit denen sie zu kämpfen hatten, reden sie heute kaum mehr. Der britische Profigourmet André Simon klagte bereits 1936 darüber, dass es zu wenig guten Farmhouse Cheddar gäbe und führte das darauf zurück, dass nach dem Ersten Weltkrieg viele Milchbauern mit dem Käsen aufgehört hatten. Doch es kam noch schlimmer, denn von 1939 bis 1954 wurde die britische Käseproduktion im Zuge der staatlichen Lebensmittel-Rationierung durch das Ministry of Food in den Molkereien zwangszentralisiert, so dass viel Wissen und Erfahrung verlorenging. Nach der Aufhebung der Zwangwirtschaft bot die staatliche Milchbehörde allen interessierten Höfen einen garantierten Aufkauf der Milch an. Die Zahl der Hofkäser sank darauf nochmals von über 500 auf nicht einmal vierzig. 1979 schrieb der *Daily Telegraph*, es sei ausgesprochen schwierig, richtig gereiften Cheddar aufzutreiben, da die Supermärkte nur am schnellen Umsatz mit billigem, jungen Fabrik-Käse in Blockform interessiert seien. Der wurde von wenigen Großbauern erzeugt, die dafür Milch von kleineren Höfen aufkauften, so dass das Pasteurisieren wegen der Transportwege zur Gewohnheit und Notwendigkeit wurde. »Als alteingesessene Somerset-Bauern hätten wir wahrscheinlich auch keinen Käse mehr gemacht, aber mein Großvater liebte Herausforderungen«, sagt Jamie Montgomery.

Erst Anfang der 1980er Jahre setzte in der britischen Käseszene ein Revival ein. Die letzten überlieferten Kenntnisse wurden von engagierten Händlern wie Neal's-Yard-Dairy-Gründer Randolph Hodgson, aber auch Patrick Rance und James Aldridge neu belebt. Die Calvers auf Westcombe waren nach dem Zweiten Weltkrieg den Weg des schnellen Wachstums mitgegangen, doch allmählich besannen auch sie sich auf die alten Traditionen. 1998, als Jamie Montgomery begann, seine Käse unter eigenem Namen selbst zu vermarkten, verarbeiteten die Calvers erstmals wieder einen Teil ihrer Milch unbehandelt, 2001 war die Umstellung vollzogen. Sohn Tom hatte seine berufliche Laufbahn in Londoner Restaurantküchen begonnen, nun absolvierte er ein Praktikum bei Neal's Yard

Dairy. Heute verantwortet er die Käserei auf Westcombe und packt viele Herausforderungen ganz offensiv an. Eine davon sind die Milben, die sich durch die längere Lagerung der bandagierten Käse im Reiferaum und auf den Rinden ausgesprochen wohlfühlen. Unkontrolliert fressen sie sich in die Käse und schaffen so Risse für Schimmelpilze. Die Calvers haben nicht nur einen neuen, klimakontrollierten Reifekeller gebaut, sondern auch den ersten Cheddar-Staubsauger-Roboter erworben: Nun wendet *Tina the Turner* regelmäßig die Laibe und saugt dabei die Milben ab.

Wissen, Erfahrung und Kultur sind schnell zerstört und lassen sich nur langsam wieder aufbauen. Vor gut zehn Jahren stieß Randolph Hodgson auf das bereits erwähnte, 1917 veröffentlichte Standardwerk von Dora Saker. Zu ihrer Zeit gab es in Somerset ein ausgedehntes Netzwerk von Käse-Schulen und -Lehrern, das die Praxis auf den Höfen mit der Forschungsarbeit in den Labors verband. Dora Saker war eine dieser Lehrerinnen, und in ihrem Buch machte sie mehr als deutlich, warum die besten Käse auf den Höfen und nicht in den damals vielen neu gegründeten Fabriken entstanden (1870 hatte die erste englische Käsefabrik den Betrieb aufgenommen). Nur auf den Höfen war beste Milchqualität garantiert, nur dort konnte man individuell auf ihre vielen variablen Faktoren eingehen. In den Fabriken hingegen verarbeitete man die Milch von mehreren Höfen und standardisierte sie durch das Pasteurisieren und die Verwendung einheitlicher Rezepturen und Kulturen.

Randolph Hodgson wurde klar, wie viel sich verändert hatte. Zu Dora Sakers Zeiten etwa verwendete man Starterkulturen in geringeren Mengen, ließ ihnen aber dafür länger Zeit im Kessel. Ich erinnere mich an ein Käsertreffen auf der Slow Food Cheese im September 2009 in Bra/Piemont, wo das schmale Heft heftig diskutiert wurde. Seitdem sind die Käse der Cheddar Boys noch ausgeprägter im Charakter. Montgomery bekennt sich nun offen zu den blauen Adern, die sich mit der Reife durch die vergleichsweise trockene

Rinde seiner Käse bilden, und genießt längst Kultstatus in der Szene – »*tattoo worthy*«, verdient eine Tätowierung, zitiert meine amerikanische Kollegin Liz Thorpe einen Käsehändler in ihrem (sehr empfehlenswerten) *The Book of Cheese*.

Zurück zur Tradition also. Doch die Stoffbandagen sind gar nicht so traditionell, wie heute allgemein angenommen wird. In England wurden zwar größere Weichkäse wie Stilton und Wensleydale häufig während der Reifung mit Stoffbandagen stabilisiert, bei Hartkäsen war dies jedoch kaum üblich. Diese Praxis ist vielmehr ein Re-Import nach Kanada ausgewanderter Engländer.

Denn wenn sich die Auswandererfamilien auf den Höfen in Ontario einigermaßen etabliert hatten und die Kühe genug Milch gaben, machten die Frauen dort den Käse, mit dem sie aufgewachsen waren: Cheddar. Der diente in erster Linie der Versorgung der eigenen Familie, doch wenn alles gut lief und sie ihr Handwerk verstanden, auch als Tausch- und Handelsware. Je mehr Geld damit zu machen war, desto schneller driftete das Käsen von den Höfen in die Fabriken, in Männerhand. Bereits 1861 nahm die weltweit erste Käsefabrik in New York State den Betrieb auf, doch Ontario zog drei Jahre später nach. Milch und Käse entwickelten sich zu einem sehr bedeutenden Wirtschaftszweig der kanadischen Provinz, und das basierte auch und vor allem auf dem Export nach Großbritannien – um die Jahrhundertwende war Cheddar die wichtigste Proteinquelle der englischen Arbeiterschaft, und die Produktion im Land selbst konnte nur einen Bruchteil der Nachfrage befriedigen. Mit 70 Prozent sämtlicher Käse-Importe stand der kanadische Cheddar an der Spitze, in den 1930er Jahren gab es in Ontario über 1200 Käsereien. Als Schutz für diesen Transport über den Atlantik wurden die großen Laibe bandagiert. Die praktische Notwendigkeit wurde schnell zur Norm, heute gilt sie als traditionell.

Das Verhältnis zwischen kanadischen Käseerzeugern und ihrem Hauptabsatzmarkt England war nicht ungetrübt. Britische

Händler bestimmten Käsestil und Abnahmepreise, und sie bestanden auf beste Ware – die in London trotzdem als zweitklassig galt. Der in Ontario verbleibende Käse hingegen war tatsächlich von minderer Qualität und genoss dort auch keinen besonders guten Ruf. Keine kanadische Hausfrau, die etwas auf sich hielt, kaufte Käse, ohne ihn vorher zu probieren – diese Beobachtung inspirierte James Kraft dazu, standardisierten, haltbaren Schmelzkäse und später Scheibletten zu entwickeln (Kraft wuchs auf einem Hof im Süden Ontarios auf, zog aber als junger Mann nach Buffalo/USA und später weiter nach Chicago).

Nichtsdestotrotz, Kanada ging seinen Weg, die Käsereien waren die Zentren ländlichen Lebens und maßgeblich am Übergang von der Selbstversorgung zur Geldwirtschaft des Landes beteiligt. Einige Zeit standen noch Frauen an den Käsekesseln, doch die unternehmerische Seite war von Anfang an Männerdomäne, und die Landwirtschaft wurde auch in Kanada schnell industrialisiert. Die Käsereien wurden größer und effizienter (häufig unterstützt von US-amerikanischen Investoren, darunter auch Kraft), der Käse einheitlicher. Dann kollabierte durch Sparmaßnahmen in der Nachkriegszeit der britische Absatzmarkt, was dazu führte, dass nicht nur in Großbritannien, sondern auch in Ontario viele kleine Käsereien aufgaben. Marketing trat an die Stelle des Probierens, immer mildere Käse verdrängten die säuerlich-bitter-erdige Dimension handwerklicher Ware. Cheddar wurde nun effizient und in kürzester Zeit erzeugt, aus standardisierter Milch, nicht mehr im Kessel, sondern in sogenannten Cheddar-Masters unter Vakuum gepresst und verpackt. 1973 kam über die Hälfte des verkauften Käses in Kanada von Kraft. Die Herstellung von Käse war komplett zur Männersache geworden, die Fabrik ein klar abgegrenzter Ort von Spezialisten mit rigidem Zeitmanagement, weit entfernt von Kindern und Küchenherd.

Doch wie die Cheddar Boys in Somerset versuchen heute auch

Hofkäsereien in Ontario ans kulturelle Erbe des 19. Jahrhunderts anzuknüpfen. Monforte Dairy wurde 2004 von der Gastronomin Ruth Klahsen gegründet, um guten handwerklichen Käse aus regionaler Milch zu machen. Sie begann in gemieteten Räumlichkeiten und mit Schafsmilch, war erfolgreich und baute fünf Jahre später eine eigene Käserei auf. Heute bietet Monforte eine Vielzahl unterschiedlicher »Specialty cheese« an (wie in den USA und Kanada so ziemlich alles außer Block-Cheddar heißt), kleine Käse aus der Ziegen-, Schafs-, Büffel- und Kuhmilch umliegender Höfe. Aber eben auch: Block-Cheddar. Der ist schnell gemacht, reift in Folie (jawohl), lässt sich gut lagern (ein bis zwei Jahre) und prima verkaufen. Und kann, wenn er wie in diesem Fall aus guter Milch hergestellt wird, viel Charakter zeigen: prägnante Säure, nussige Butterscotch-Aromen und Knusperkristalle. *Providence*, Vorsehung, nennt Ruth Klahsen ihn, und er ist kein Luxus, sondern gute Alltagsversorgung, wie es sie früher auch auf den Höfen gab.

Überall in Nordamerika haben sich ganz eigene, spannende Cheddar-Stile entwickelt. Cabot Clothbound (wörtlich: stoffgebunden) ist der vielleicht bekannteste unter ihnen. Er entsteht in einer Fabrik im Norden von Vermont, an der kanadischen Grenze, wo die Milchwirtschaft wie in Ontario und dem Staat New York ein prägender Wirtschaftszweig ist. Die Cabot Creamery mit ihren traditionellen Wurzeln stellt ein Relikt in dieser Gegend dar. In Zusammenarbeit mit Jasper Hill Creamery & Cellars (über dieses außergewöhnliche Unternehmen im nächsten Kapitel mehr) entschloss man sich dort, wieder aus der Milch eines einzigen Hofes einen kellergereiften Cheddar zu erzeugen. Cabot Clothbound schmeckt lieblicher als die Käse aus Somerset, und es ist ein großartiger Käse. So viele Cheddars, so englisch, so ähnlich und doch so verschieden.

Zwei Brüder aus Vermont und ein Prinz aus dem Jura

Andy und Mateo Kehler, Jasper Hill Creamery & Cellars
Greensboro, Vermont/USA
Patrick Hauser, Laiterie Le Lieu *Jura/Schweiz*

Manche Käsegeschichten klingen wie Märchen. Etwa die der Jasper Hill Creamery, der bereits erwähnten Käserei im Norden von Vermont: Es waren einmal zwei Brüder, Andy und Mateo Kehler. Sie wuchsen in Bogotà in Kolumbien auf, wo ihre Eltern ab Ende der 1960er Jahre an einem Wirtschaftsförderungsprogramm der Ford Foundation teilnahmen und die Schnittblumen- und Hot Dog-Branche in Schwung brachten, bevor ihnen das unternehmerische Milieu aus politischen Gründen zu brisant wurde und sie Mitte der 1980er Jahre zurück nach Vermont zogen, an die kanadische Grenze. Im *Northeast Kingdom*, wie dieser äußerste Nordosten und ärmste Teil des US-Staates Vermont genannt wird, ist der Winter lang und schneereich, doch dann bricht das Frühlingsgrün mit Macht seine Bahn. Die Brüder erinnerten sich gern an die Ferien, die sie als Kinder mit ihren Großeltern an einem der vielen Seen verbracht hatten, an Kühe und Bauernhöfe. Hier wollten sie leben.

Als sie jedoch nach Studien-, Lehr- und Wanderjahren Ende der 1990er Jahre endlich wieder inmitten dieses Grüns standen, gab es nicht mehr viele Kühe, und die wenigen Bauern, die rund um die kleinen Orte Greensboro und Hardwick überlebt hatten, waren am Kämpfen. Auch von den zahlreichen Molkereigenossenschaften, die den Großteil der Milch traditionell in kleinen Käsefabriken zu Cheddar verarbeiteten, der im Reich des Nordostens ebenso selbstverständlich ist wie der Tilsiter an der Ostsee, existierte nur noch eine einzige, die Cabot Creamery. Die Brüder waren bestürzt und traurig. Aber sie stammten schließlich aus einer Unternehmerfamilie: Sie kauften dem Bauern Jasper Hill seine Farm ab, dachten kurz über Tofu und Bier als Wirtschaftmodelle nach und wurden dann stolze Besitzer von fünfzehn braun-weiß gesprenkelten Ayrshire-Kühen. Sie gründeten ihre eigene Käserei, die Jasper Hill Creamery. Sie wollten diese Landschaft nicht museal konservieren, sondern aktiv und landwirtschaftlich zu ihrer Erhaltung beitragen, und sie hatten einen Plan. Sie würden mit der Käserei demonstrieren, dass dies ein Ausweg aus der Misere niedriger Milchpreise sein konnte. Sie würden Rezepturen für spannende und zugleich rentable Käse entwickeln und mit diesen die allgegenwärtigen Cheddarblöcke ablösen. Dann würde es sich wieder lohnen, im grünen Vermont Milchbauer zu sein, die regionale Wirtschaft würde wieder florieren, die Menschen wären glücklich ...

Ich weiß nicht, ob alle Menschen im Northeast Kingdom heute glücklich sind. Aber als ich auf meiner Reise dorthin im Galaxy Bookshop in Hardwick ein Buch mit dem Titel *The Town that Food saved* kaufte, aus dem ich einiges über das Städtchen erfuhr, und anschließend im Café des Buffalo Mountain Coop-Ladens einen Kaffee trank, fühlte ich mich von ausgesprochen freundlichen, geerdeten Menschen umgeben und dachte (kurz) darüber nach, wie schön es wäre, hier zu leben. Andy und Mateo haben inzwischen 46 Kühe, sie haben gebaut und ihren Betrieb vergrößert. Denn nach den Anfängen mit dem Constant Bliss, einem 2003 erstmals kommerziell vermarkteten, mit Weißschimmelrinde gereiften Frischkäse, entwickelten sie bald weitere Sorten. Und schließlich wollten sie auf traditionelle Art richtigen Cheddar machen. Allein, es fehlte ihnen die Milch. Darüber kamen sie mit der Cabot Creamery ins Gespräch, der wenige Kilometer entfernt ansässigen letzten Käsefabrik aus der Zeit des inzwischen 100 Jahre zurückliegenden Cheddar-Booms. So entstand die Idee einer Kooperation.

Denn bei Cabot wollte man zurück zu den Wurzeln, wollte neben foliengereiftem Block-Cheddar auch wieder auf traditionelle Weise gekästen, bandagierten und kellergereiften Cheddar produzieren, aus der Milch eines einzigen Hofes. Den Käse nach überlieferter Cheddaring-Art im Kessel zu produzieren, das war kein großes Problem, aber ihn reifen zu lassen, das war in einer Fabrik nicht möglich, weil dabei Milben und Schimmelpilze ins Spiel kommen, beides ausgeschlossen in einem auf foliengereifte Block-Cheddar spezialisierten Betrieb. Andy und Mateo sahen eine Chance, diese Tradition wieder aufleben zu lassen, und schufen entsprechende Lagermöglichkeiten auf dem Hof. Es funktionierte, und so entstand Cabot Clothbound.

Doch es kam noch besser. Die Cabot Creamery hatte nun einen Spitzen-Cheddar, aber auch ein Vermarktungsproblem. Die regulären Cabot-Kunden waren wenig interessiert an diesem neuen, deutlich teureren Cheddar, und die spezialisierten Käseläden wiederum zu versnobt, um ihn auch nur zu probieren. Für diese war Cabot einer der »Großen«, das Gegenteil der »kleinen«, handwerklichen Erzeuger. Bei der Gründung der Genossenschaft hatte sich 1919 eine Gruppe von 94 Familien zusammengeschlossen, heute gehört Cabot zum Agrimark-Konzern, der Betriebe in vier Bundesstaaten umfasst. Bei meinem Besuch fühlte ich mich in meinem kleinen Mietwagen tatsächlich winzig zwischen den vielen Riesentrucks, die man in Europa vor allem mit Coca-Cola-Werbung verbindet.

Die Brüder hingegen hatten sich mit ihrer Jasper Hill Creamery im »*new cheese movement*« bereits einen Namen für handwerkliche »*specialty cheeses*« geschaffen. Also übernahmen sie auch die Vermarktung des Cabot Clothbound – was ihnen wiederum erlaubte, ihren eigenen Kundenkreis auszubauen. Schon ein Jahr später, 2006, wurde der neue alte Cheddar aus Vermont als *Best of Show*, bester Käse des jährlichen Treffens der American Cheese Society, prämiert.

Und wenn sie nicht gestorben sind ... Sind sie nicht, und das Märchen ist noch lange nicht zu Ende. Denn diese Kooperation verschaffte den Brüdern den nötigen Kredit für ihr nächstes großes Projekt.

Ihnen war nämlich klargeworden, dass es nicht genügte, die Milch zu Käse zu verarbeiten, um die Milchbauern zu retten. Der Käse musste reifen, und er musste unter die Leute. Die beiden dachten wieder nach, diesmal über das Prinzip der Arbeitsteilung, wie sie es im französischen Jura bei der Entstehung von Comté kennengelernt hatten, dem meistgegessenen Käse Frankreichs: Milchbauern, Käser, Affineure (die den Käse beim Reifen begleiten) und Händler teilen sich die Arbeit und produzieren ein einziges Produkt, den Comté – das verschafft Einfluss am Markt. Etwas Ähnliches wollten sie auch in Vermont aufbauen, und dabei die Rolle der Affineure und Händler übernehmen. Doch dafür musste ihre Jasper Hill Creamery zur Jasper Hill Creamery & Cellars wachsen. Sie brauchten richtige Reifekeller, nicht nur für den Cabot Clothbound, sondern auch für andere Käsesorten.

Erst gingen sie zur Bank. Und dann sprengten sie sieben Käse-Reife-Stollen im fächerförmigen Halbrund in den Hügel gegenüber von Stall und Käserei – und sie lernten und lernten und lernten. Mateo war bereits bei Neal's Yard Dairy gewesen, nun belegten sie wie so viele Gleichgesinnte Kurse an dem von Paul Kindstedt und Catherine Donnelly 2004 an der Universität von Vermont gegründeten Institute of Artisanal Cheese (Catherine Donnelly erzählte mir, dass das Institut, das in seiner damaligen Form nicht mehr existiert, auch ein soziologisches Experiment gewesen sei, um die Käser miteinander zu vernetzen – »die waren alle so einsam«). Sie befragten Milch- und Käsespezialisten an den Unis, experimentierten, melkten ihre Kühe, machten Käse, ließen ihn reifen. Bauten ihr Netzwerk zu den Käsehändlern in den Großstädten der USA weiter aus. Zahlten viel Lehrgeld und ließen sich trotzdem nicht beirren. Es war ein riskantes Drei-Millionen-Dollar-Unternehmen – das von der Cabot Creamery durch das Cabot-Clothbound-Projekt indirekt aber entscheidend mitgetragen wurde.

Heute reifen in den sieben Stollen ganz unterschiedliche Käse, teils aus der eigenen Käserei, teils von anderen Höfen, die die von den Brüdern entwickelten Rezepturen übernehmen können und ihre noch embryonalen Käse hier zum Reifen abliefern. Jeder Stollen riecht vollkommen anders. Das hat mit der unterschiedlichen Kombination von Temperatur und Luftfeuchtigkeit zu tun, wodurch eine andere Art von Kulturen gefördert wird – Hefe, Weißschimmel, Rotschmiere, Blauschimmel … »Wir sind Mikrobenfarmer«, sagt Mateo. »Nur beim Cabot Cheddar suchen wir uns die besten Chargen der Käse heraus, ansonsten übernehmen wir die gesamte Produktion von den Bauern, meistens als ganz frische Käse, und hier bei uns schaffen wir dann die Voraussetzungen für spezielle Kulturen. Qualität ist ein sehr bewegliches Ziel, und wir brauchen möglichst viele technische Daten, um uns ihm zu nähern, damit die Bauern am Käsekessel die richtigen Entscheidungen treffen können. Aber wir sagen ihnen nicht, was sie zu tun haben.«

Die Brüder, immer offen für künstlerische Umsetzungen, haben ein Poster entwerfen lassen. Es zeigt einen amerikanischen Adler, der einen bandagierten Cheddar mit einem Spruchband in den Klauen hält: *Freedom, Unity and Cheese* – leuchtend blau prangt es heute auf braunen Tüten. Und in den Stollen von Jasper Hill reift großartiger Käse. Wie der Harbison. Auch wenn die Antwort auf die Frage nach einem Lieblingskäse müßig ist – dieser ist ein wahres Schmuckstück. Der gut camembert-große Weichkäse wird sofort nach seiner Geburt mit einem dünnen Rindenstreifen von einer der hier reichlich wachsenden Fichten ummantelt – eine Methode, die natürlich an den Vacherin du Mont d'Or aus der Schweiz beziehungsweise Frankreich erinnert. Nach etwa fünf Wochen hat er dieselbe wunderbare Kremigkeit, und man isst ihn am besten mit dem Löffel, nachdem man die Rinde oben wie einen Deckel aufgeschnitten hat. Aber – und das ist kein negatives, sondern ein sehr positives »aber« – die Aromen sind vollkommen andere und vollkommen eigenständig. Ich habe diese ausgesprochen köstliche Kombination von reifen, duftenden Himbeeren, Zitrone und kräftigem Senf vorher noch nie erlebt. Und das alles aus pasteurisierter Milch! Mir ist klar, dass die meisten, die dies lesen, nicht einfach zum nächsten Käseladen gehen können, um sich einen Harbison zu kaufen – aber wie heißt es im französischen *Guide Michelin* über Restaurants: drei Sterne, eines der besten und eine Reise wert. Bei meinem letzten Besuch begegnete ich einem exakt zwei Monate lang gereiften Exemplar, bei dem ich mich wirklich sehr zurückhalten musste, um die kleine Pappschippe nicht immer wieder aufs Neue in den geschmeidig zähen Teig zu tauchen oder mich gleich mit dem ganzen Käse zu einem intimen Tête-à-tête in eine Ecke zu setzen.

Die Geschichte ist immer noch nicht zu Ende. Denn eigentlich ist der Harbison ein kleiner Bruder vom Winnimere, einer der ersten Jasper-Hill-Kreationen von 2004. Winnimere entsteht aus unbehandelter Milch und ist nach einer Bucht am Caspian Lake benannt, an die die Brüder als Kinder mit ihrem Großvater zum Eisfischen kamen. Der Winnimere ist dem Vacherin noch viel näher als der Harbison, aber vor allem vom gleichermaßen ummantelten Schweizer Försterkäse inspiriert – Mateo sagt, der sei damals absolut überwältigend gewesen, viel kräftiger als ein Vacherin. Die Brüder reisten wieder ins Jura, dieses Mal zum Vacherin, weil dies der älteste kontinuierlich produzierte Käse ist, der in einem Korsett aus Baumrinde reift. Dort ließen sie sich auch zeigen, wie die Rinde (eigentlich handelt es sich um die Kambiumschicht unter der Borke) in dünnen Streifen von frisch gefällten Fichten abgezogen und fürs Käsekorsett zu *sangles* getrocknet wird. Zu Hause führten sie einen Holzfäller in Greensboro in diese Technik ein, der seitdem auch viele andere amerikanische Käsereien mit *sangles made in northeast Vermont* versorgt. Der Winnimere entstand dann in Zusammenarbeit mit einem örtlichen Bierbrauer, der in einer Ecke der Käserei mit spontan vergorenen Sauerbieren experimentierte, wird aber letztendlich nicht mit Bier, sondern mit Salzlake geschmiert.

Als die Brüder ihren ersten Winnimere im Januar 2005 auf der Fancy Food Show in San Francisco zeigten, erklärte ihnen der langjährige Verkaufsleiter eines sehr angesehenen französischen Affineurs, so habe Reblochon vor 30 Jahren geschmeckt – was ein Beispiel dafür ist, dass eine an sich hinderliche Verordnung wie die 60-Tage-Rohmilch-Regelung des FDA (die Food and Drug Administration ist die Lebensmittelüberwachungs- und Arzneimittelbehörde der Vereinigten Staaten, und sie schreibt vor, dass Käse aus unpasteurisierter Milch erst nach dieser Frist verkauft werden darf) auch ihre unbeabsichtigten guten Seiten haben kann: Wenn ein Weichkäse so lange reifen kann, muss die Qualität wirklich stimmen.

Harbison entstand dann durch einen der großartigen Un- und Zufälle, wie sie in der Käse-Welt immer wieder vorkommen: Eine experimentelle Partie des Moses Sleeper, einem brie-artigen Käse mit Weißschimmelrinde und ebenfalls eine Eigenkreation der Brüder, fiel im August 2008 wesentlich weicher aus als erwartet und brauchte eine stützende Bandage. Ganz pragmatisch – man nimmt, was man hat – wurden die Käse also mit einem Fichtenring versehen – und das Ergebnis war »ziemlich gut«. Die Brüder hatten sowieso schon über einen »wirklich interessanten« Käse aus pasteurisierter Milch nachgedacht, mit genügend Feuchtigkeit, um

Milchsäure und Enzymbildung richtig in Gang zu bringen, weil es aller Qualität zum Trotz mit dem Winnimere immer wieder Probleme mit den Behörden gab. Sie arbeiteten weiter an ihrem Zufallsprodukt, ließen andere Kulturen, auch aus dem Fichtenholzring, neben dem Weißschimmel wachsen und gingen zu einem kleineren Format über, so dass der Rindenring mehr aromatischen Einfluss auf den Käse hatte. Rund ein Jahr später war es so weit: Der Harbison kam auf den Markt, benannt nach Anne Harbison, der vielzitierten »Großmutter von Greensboro«, die im Ort eine Frühstückspension betrieb, sich in der Gemeinde engagierte und die Brüder von Kindesbeinen an kannte.

Damit hatten die Brüder einen Käse im Sortiment, der genauso spannend, aber in der Logistik wesentlich unkomplizierter war als der Winnimere. Denn letzterer unterliegt nicht nur den besonders strengen Rohmilch-Auflagen, er wird auch nur von November bis April produziert. Wie der Vacherin – und damit sind wir bei der nächsten Geschichte. Ich erinnere mich dunkel an eine Zeit, als meine Großmutter etwas trug, das sie Übergangsmantel nannte, Jahreszeiten also noch einen deutlich spürbaren Einfluss aufs Alltagsleben hatten. Heute hängt die Daunenjacke zwölf Monate lang über den Flipflops, und im Supermarkt gibt es ganzjährig Tomaten und Mandarinen. Trotzdem freue ich mich über den ersten Grünkohl, Abwechslung macht das Leben bunt und hält die Sinne wach. Beim Käse lässt der Vacherin die Winterfahne flattern, schaut mich ab Ende September aus runden Spanschachteln an, beinahe vorwurfsvoll, die hellbraunrote Rinde in anmutigen Dackelfalten, und ruft: Küss mich, ich bin dein Winterprinz ...

Der Vacherin kommt aus dem Jura, eine Autostunde nordwestlich von Lausanne entfernt, und ist nach dem Mont d'Or, dem Goldberg benannt (und natürlich nach seinen Urheberinnen, den Kühen). Das Jura-Gebirge gehört zu einer der Regionen, in der der Einfluss der Landschaft weit über die nationalen Grenzen hinausgeht. Natürlich machen sich die gelegentlich bemerkbar: Auf der Schweizer Seite muss die Milch für den Vacherin thermisiert werden (dabei handelt es sich um eine etwas sanftere Form des Pasteurisierens), in Frankreich, wo der Käse auch Vacherin du Haut-Doubs heißt, muss sie unbehandelt sein. Aber ansonsten wachsen die Fichten hier wie dort, unterbrochen von Bergweiden und kleinen Dörfern und einsamen Gehöften mit niedrig gezogenen Dächern. Die Fichten spielen für unseren Prinzen eine entscheidende Rolle, denn der vollfette, kremige Kerl würde ohne ihre Stütze schlichtweg die Grätsche machen. Niemand hat jedoch bei der Entstehung des Vacherin über den Einfluss nachgedacht, den das Holz darüber hinaus auf den gereiften Käse haben könnte, Holz war einfach ein Rohstoff, von dem man mehr als genug hatte, es wuchs überall.

So fällte man früher, wenn man hinaufzog auf die Alp, als Erstes einen Baum, fürs Holz zum Feuern, aber auch um aus der Rinde Käseformen zu machen. Das war beileibe nicht auf den Vacherin beschränkt, auch wenn das betreffende AOC-Komitee das gerne so darstellt. Im Toggenburg etwa wurde Ziger, der Sauermilchkäse, statt in die neueren Holzkisten in sogenannte Baier oder Rümpfe gepresst, die die Senner aus Tannenrinde formten und mit den feineren Tannenwurzeln zunähten. Ähnliches ist aus dem Simmental überliefert. In Frankreich heißt die Rotfichte *épicéa*, und beiderseits der Nationalgrenze fertigt man aus den Bäumen auch Bretter für die Reiferäume in den Käsereien (sorgfältig ausgewählte Bäume, zu bestimmten Jahreszeiten und Mondphasen gefällt und lange gelagert, gehen außerdem an die *luthiers*, die Geigenbauer).

Mein Winterprinz rief, und ich fuhr ins Vallée de Joux, ein weites Hochtal am gleichnamigen langgestreckten See auf der Schweizer Seite des Jura. Während der Fahrt am See entlang wurde mir bewusst, dass zum landschaftlich geprägten handwerklichen Kulturerbe hier neben dem Käse ganz maßgeblich auch das Handwerk der Uhrmacher gehört: All die Logos der Uhren, die zu mindestens vierstelligen Preisen bei uns in den Schaufenstern liegen, leuchten hier eines nach dem anderen als Neon-Schriftzug über kleinen Fabrikgebäuden. Das geht auf hugenottische Einwanderer zurück, die sich im 16. Jahrhundert als Uhrmacher im Tal niederließen, wo aufgrund von Eisenerzvorkommen die Schmiedekunst seit langem verbreitet war. Wenn im Winter auf den Höfen die Arbeit weniger wurde, besserten die Bauern ihr Einkommen auf, indem sie als *paysans horlogers* in Heimarbeit Uhrwerke fertigten; heute pendeln täglich Tausende von Arbeitern vor allem aus Frankreich ins Tal.

Patrick Hauser betreibt seit 1981 die Käserei, hier *Laiterie* genannt, im 1000 Meter hoch gelegenen Le Lieu und verarbeitet die Milch der acht Höfe des kleinen Ortes. Im Vallée de Joux herrschen bis heute kleinwirtschaftliche Strukturen vor, die Bauern melken im Durchschnitt nur 15 bis 20 Kühe, nur auf den größten Anwesen sind es auch einmal 150 Tiere. Die meiste Milch wird zu Gruyère verarbeitet, wie der Bergkäse hier genannt wird. Während der heute auch in Dorfkäsereien wie bei den Hausers entsteht, machte man ihn früher nur im Sommer auf der Gemeinschaftsalpe. Im Herbst kamen die Kühe zurück ins Dorf, und dann gaben sie nicht mehr genug Milch für die großen Gruyère-Räder. Auch ist die Winter-Heumilch weniger aromatisch, enthält mehr Fett und Eiweiß und ist daher weniger geeignet für Hartkäse. Deshalb machte man Weichkäse, Vacherin, und weil das Eiweiß durch den hohen Feuchtigkeitsgehalt relativ schnell reift und der Käse daher nicht stabil ist, verpasste man ihm das Rindenkorsett.

Der Ursprung dieser Art von Käse liegt wahrscheinlich in Frankreich in der Haute-Savoie, von wo Hirten die Technik ins mildere Jura und in die Schweiz brachten. Der Schweizer Käse-Experte Dominik Flammer schreibt, sie hätten anfangs einen Chevrotin aus

Ziegenmilch gemacht und wären erst im milderen Jura zur effizienteren Kuhmilch übergegangen. Weichkäse (neben Gruyère und Vacherin gehört zum Käse-Dreigestirn des Schweizer Jura auch die handtellergroße, flache runde Tomme Vaudoise) findet man im Land der Hartkäse mit seinem weit verbreiteten Milchüberschuss nicht oft, und weil sie schneller reifen, deuten sie immer auf einen lokalen Absatzmarkt hin. Der Vacherin war bis ins 20. Jahrhundert hinein in Lausanne der Weihnachtskäse schlechthin, von dort breitete er sich in die Westschweiz aus.

Weichkäse sind arbeitsaufwendig: Bei Patrick Hauser in Le Lieu sind sechs Mitarbeiter mit der Herstellung des Gruyère beschäftigt, wohingegen es beim Vacherin sechzehn sind, deren Arbeitstag um zwei Uhr nachts beginnt, weil es am Kessel zwei Durchgänge gibt. Laut einer Verordnung von 1988 muss die Milch thermisiert, also fünf Sekunden lang auf mindestens 55 °C erhitzt und danach wieder abgekühlt werden, und das dauert seine Zeit. Drei Männer und eine Frau in weißen langen Schürzen bewegen sich bei meinem Besuch wie in einer eingespielten Choreographie in dem engen Raum zwischen Kessel und Abtropftisch. Der auf drei Zentimeter geschnittene Käsebruch reift und säuert eine Stunde ohne Rühren in der warmen Molke, bevor sie ihn mit Eimern in einer Art Reigentanz in die röhrenartigen, hohen Formen schöpfen. Die entstehenden Zylinder werden in sechs Scheiben geschnitten, um die jeweils einer der zuvor weich gedämpften Rindenstreifen gelegt und mit einem Gummiring fixiert wird. Diese frischen Käse werden zwischen Gittern gestapelt und leicht gepresst, bevor man sie gute zwei Stunden ins Salzbad legt, wo sich die Aktivität der Milchsäurebakterien verlangsamt. Im Reifekeller werden die Käse eine Woche lang auf den Holzbrettern täglich gewendet und dann auch mit Salzlake gebürstet. Dabei wird der sich immer wieder bildende Schimmel in die Rinde eingearbeitet, die durch den Holzring außerdem eine bräunliche Farbe annimmt. Nach rund 22 Tagen

ist der Vacherin bereit und wird in die charakteristischen Spanschachteln verpackt.

Anders als in Frankreich müssen die Spanschachteln für den Schweizer Vacherin aus regionaler Fertigung stammen. Derselbe Handwerker, der auch die *sangles* fertigt (und im Sommer in einer Sägemühle arbeitet), produziert im Winter auf Bestellung mit einfachen Maschinen eine Vielzahl von Schachteln unterschiedlicher Größe. Es ist ein Termingeschäft, weil die Schachteln spätestens nach einer Woche mit dem Käse gefüllt werden müssen, sonst trocknen sie aus. Die Schachteln sind grundsätzlich etwas kleiner im Durchmesser als die Käse, und beim Verpacken wird zuerst der Gummiring entfernt, dann der Rindenring mit einem kleinen scharfen Messer eingeschnitten, die Rinde übereinandergeschoben und schließlich der Käse in die Schachtel gedrückt – so bekommt der Winterprinz seine charakteristische Dackelfalte. Jetzt muss er noch 12 Stunden in den Kühlraum, dann ist er bereit für den Versand. Zwei bis drei Wochen könne man ihn im Kühlschrank lagern, oder zwei Tage bei Zimmertemperatur, sagt Patrick Hauser – das ist die offizielle Version, denn er selbst, fügt er gleich darauf hinzu, äße ihn am liebsten nach zehn Tagen Reife bei 15 bis 18 °C, und dazu ein Glas Dézaley oder Pinot Noir ...

Er schneidet einen der frischen Käse zum Probieren an: Säure und Salz sind hier noch Solisten im süßsämigen elfenbeinfarbenen Teig, doch direkt unterm Fichtenrand machen sich ähnliche Aromen wie beim Harbison bemerkbar. Die Rinde hat nicht nur für Farbe gesorgt, ganz entfernt erkenne ich jetzt auch hier direkt unter dem Rindenring Senf und Himbeere. Diese Aromen gehen auf die Bildung von Terpenoiden zurück (die auch in Hopfen und Cannabis zu finden sind). Bei reiferem Vacherin-Käse (und noch stärker ausgeprägt beim rotgeschmierten Winnimere von Jasper Hill) stehen eher robuste, erdige Aromen im Vordergrund, die oft an Räucherschinken erinnern. Die (Käse-)Rinde, die unmittelbar mit der (Fichten-)Rinde in Kontakt kommt, nimmt außerdem Gerbstoff auf und sorgt für eine leicht herbe Note.

Ein weißer Flaum auf dem Hellrotbraun ist übrigens kein Grund zur Besorgnis, sondern ein Hinweis auf Lebenslust und beste Laune in der Käseschachtel. Die man auch mitsamt Deckel für ein schnelles Fondue fünfzehn bis dreißig Minuten in den nicht zu heißen Ofen schieben kann, so dass der Prinz zwar nicht gebacken, aber richtig flüssig wird. In dieser Zeit kochen Pellkartoffeln, und ein paar bittere Blätter, am liebsten Endivien, werden mit einer kräftig senfigen Vinaigrette zu Salat. Dann muss man nur noch mit einem kleinen spitzen Messer die Rinde dicht am Rand von oben einschneiden und wie einen Deckel mit einem flachen Löffel abheben. Ein warnendes Wort: die jahreszeitliche Bindung hat ihre Berechtigung. Die Spanschachteln sind nicht nur ein Zeichen dafür, dass die Flipflops momentan nur beim Saunabesuch zum Einsatz kommen sollten, ich empfehle auch dringend, fürs Prinzen-Date einen wirklich kalten Tag abzuwarten und sich dann tatsächlich auch in selbigen hinauszubegeben. Frühlingsgefühle, erste Gedanken an den Strand und einen neuen Badeanzug passen ganz und gar nicht zum Prinzen – er ist wärmendes, nährendes und pures Winterfutter.

Vielleicht hat er auch deshalb in Vermont eine neue Familie gegründet. Bei meinem ersten Besuch Ende Mai 2015 grünte alles, Flieder und Apfelbäume blühten, aber es war ein langer und harter Winter gewesen – »hier oben im Northeast Kingdom ist es wunderbar, aber es gibt viel Schnee, und er bleibt lange liegen«, bemerkt Mateo dazu trocken. Deshalb haben die Brüder 2015 in eine eigene Heutrocknungsanlage investiert, wodurch sich die Qualität der Milch erhöht und das Risiko für Clostridien und Listerien maßgeblich verringert hat. Bei Bedarf versorgen sie damit auch die Höfe, deren junge Käse sie übernehmen. In ihrer Vision sollen eine ganze Reihe von Nachbarn den Harbison und all die anderen neuen

Käse herstellen. »Wir stehen erst am Anfang«, sagen sie, »so viel ist möglich.« Diese positive Stimmung ist hier überall zu spüren. In dem zentralen Raum, wo geschmiert, verpackt und kommissioniert wird, und entlang der Treppe hinauf in den ersten Stock sind die Wände mit ziemlich abgedrehten, bunten Malereien im Hippie-Stil dekoriert: die Mikrobenwelt in ihrer ganzen, verrückten Schönheit, in sich und um sich kreisend und explodierend, strahlend, mit den Gesichtern der Brüder und ihrer Mitarbeiter in der Umlaufbahn ... Eines der Jasper-Hill-T-Shirts ist mit einem regenbogenfarbenen Prismenstrahl bedruckt, der von der Kuh zum Käse reicht und dem berühmten Pink-Floyd-Album nachempfunden ist.

Oben gibt es nicht nur eine Küche für die Mitarbeiter, sondern auch ein Labor. Ben Wolfe und Rachel Dutton, die führenden Wissenschaftler auf dem Gebiet der praktischen Käse-Mikrobiologie, haben sich hier stark engagiert, und Jasper Hill beschäftigt heute eine eigene Laborantin. Zusammen mit der University of Vermont erforschen sie zum Beispiel das sandige Knirschen vieler Rotschmierrinden – man weiß, dass es Kristalle sind, aber nicht, wie und warum sie wachsen. »Wir möchten das nicht alles vollständig kontrollieren, aber wir möchten es verstehen«, sagen die Brüder. Lernen, forschen, Wissen weitergeben hat hier einen hohen Stellenwert. Das Labor arbeitet auch mit den Universitäten von Yale und Harvard zusammen, um die mikrobielle Komplexität der unbehandelten Milch zu analysieren, bestimmte Mikroben zu isolieren und mithilfe von DNA-Sequenzierung zu identifizieren. Ziel ist die Entwicklung von eigenen Starterkulturen, die die Geschmackskomplexität der Käse weiter steigern und die grüne Landschaft des Northeast Kingdom noch stärker zum Ausdruck bringen sollen.

Diese Verbundenheit mit dem Standort Greensboro ist auf allen Ebenen wichtig: Das Jasper-Team besteht längst aus über 50 Mitarbeitern, und statt der andernorts zu beobachtenden Landflucht ziehen heute junge Profis hinauf ins Northeast Kingdom, um bei Jasper Hill zu arbeiten. Trotzdem geht es immer auch um Jobs und Motivation für die lokale Bevölkerung. Denn das Leben auf den Höfen ist nach wie vor weit entfernt vom romantisch-verklärten Landlust-Bild. Denn selbst mit einem zweiten wirtschaftlichen Standbein in Form des *Sugaring*, der Produktion von Ahornsirup, reichen über hundert Kühe den Landwirten kaum zum Leben. Deshalb ist der durch den Käse erzielte Mehrwert so wichtig, und deshalb fasziniert es mich so, wenn ich mit Mateo durch die sieben Stollen gehe.

Die Geschichte der Brüder ist eine lange, und sie wird noch lange nicht zu Ende sein. Bis jetzt werden viele Käse noch vom Jasper-Hill-Team gemacht. Ihre überraschend kleine Käserei (es gibt eine zweite, etwas größere, im Food Venture Center in Hardwick, dem Förderzentrum für landwirtschaftliche Start-ups) versteckt sich im Erdgeschoss des großen grau gestrichenen Holzhauses, in dem Mateo mit seiner Familie lebt. Als Erstes begrüßt einen auf der Farm jedoch nach der Fahrt über die Schotterstraße durch Wald und Wiesen der nachthimmelblau gestrichene Kuhstall mit einem riesigen Mond, auf dem viele blaue Kühe schweben – weil bei den Engländern der Mond ja bekanntlich aus Käse besteht. So weißgelb und hell strahlt er hier auch, der Leitstern. In dieser Geschichte im Northeast Kingdom geht es nicht um die dunkle Seite des Mondes wie bei Pink Floyd, sondern ein Licht von Optimismus, Zuversicht und Hoffnung. Andy und Mateo wollen und werden neue Wege finden und gehen.

Love me tender: Stilton, Stichelton und englische Vorurteile

Billy Kevan, Colston Bassett Dairy
Joe Schneider, Stichelton Dairy
Nottinghamshire/Großbritannien

Cheddar ist der Volkskäse der englischsprachigen Welt, Stilton hingegen der »*King of Cheeses*«, der König der Käse. Man ordne mich nun nicht gleich unter die Monarchisten ein, aber ich bin seit langem ein großer Fan dieses Blauschimmelkäses aus der Gegend um Nottingham und Leicester, nicht zuletzt, weil Stilton und Portwein ein derart perfektes Paar abgeben. Als ich Anfang der 1980er Jahre eine Kochlehre in einem Spitzenrestaurant in Berlin absolvierte, sagte man mir, »der Engländer« bevorzuge Stilton mit Portwein. Allerdings war damit nicht etwa ein schönes Stück Käse zu einem guten Glas Wein gemeint, sondern eine wesentlich innigere Vereinigung: Der zylinderförmige Käse wurde nach und nach ausgehöhlt und dabei mit Port gefüllt und vermengt ... Auf dem Teller galt »fruchtig-süß« damals als chic, ob nun als Mango auf dem Salat oder als Cassis-Sauce zur Kalbsleber, und auch so mancher Rotweinsauce wurde mit einem Schuss Portwein zu verführerisch mildem Schmelz verholfen. Als Getränk war Portwein jedoch kein Thema – süßer Wein war damals generell suspekt. Es dauerte noch einige Jahre, bis ich erkannte, dass richtig guter Portwein ein komplexer Rotwein ist, der zugleich auch süß schmeckt. Schon vor meiner zwanzigjährigen Ehe mit einem Engländer war mir aber klar, dass der Portwein-Stilton-Matsch nichts als eine unappetitliche Legende ist.

Es hieß damals auch, die englische Küche sei schrecklich und habe die Bezeichnung Küche eigentlich nicht verdient. Es stimmt, dass eine ganze Generation von Briten durch die teils bis 1954 andauernde Lebensmittel-Rationierung während und nach dem Zweiten Weltkrieg geprägt worden ist. Doch schließlich wabert auch kein Nebel mehr durch die Straßen Londons wie zu Sherlock Holmes' Zeiten, und seit den 1990er Jahren hat sich in britischen Töpfen und Pfannen so einiges getan. Wer in den letzten zehn Jahren ins Vereinigte Königreich gereist ist und immer noch behauptet, ein längerer Aufenthalt dort käme einer Zwangsdiät gleich, der sollte seine Geschmacksnerven auf ihre Tauglichkeit untersuchen lassen.

Mit meinem damaligen Mann bin ich oft auf die Insel gefahren, und meistens haben wir dann auch seine Großmutter besucht. Die bekam zu ihrem 100. Geburtstag die übliche, von der Queen handsignierte Karte geschickt und war bis zu ihrem Tod ein Jahr später geistig und körperlich äußerst fit. Sie lebte allein und fand nichts Besonderes daran, dass sie bis zu ihrem Schlafzimmer im ersten Stock eine Treppe hochsteigen musste – »*keep calm and carry on*«. Gelegentlich machten wir einen Abstecher an die Ostküste zu einem ebenfalls schon recht betagten Freund in Aldeburgh. Der Junggeselle hatte sein ganzes Leben im Weinhandel gearbeitet, er gehörte zum illustren Kreis der *Masters of Wine* und hatte immer noch wunderbare alte Flaschen im Keller. Viele Jahre lud er uns zu sich nach Hause zum Abendessen ein. Da gab es dann so feine Dinge wie frische Taschenkrebse, Fasan und selbstgepflückte Himbeeren, alles von ihm selbst gekocht und zubereitet und unter den Augen seiner Vorfahren serviert, die im Esszimmer aus ihren in Öl gemalten jahrhundertealten Porträts auf uns herabschauten.

Unser Freund hatte eine große Leidenschaft für deutsche Rieslinge, aber gleich danach kam Portwein. Den kann man wirklich erst verstehen, wenn man England im Winter erlebt hat. Laut Thermometer ist es nicht sehr kalt, selten zeigt es Minusgrade an, aber die Feuchtigkeit kriecht in die Knochen. Englische Häuser, besonders die pittoresken alten, sind schlecht isoliert und die Heizungen chronisch unterdimensioniert. Seit dem 17. Jahrhundert ist dieser nasskalte englische Winter ein wenig erträglicher, weil der »zufällig« im Zuge von Handelsbeziehungen entstandene Port vor dem Kamin die Knochen wärmt wie die portugiesische Sonne am Douro, wo im Sommer in den steilen Felsterrassen 40 °C keine Seltenheit sind. Außerdem steckt in gutem Jahrgangsport jede Menge Gerbstoff, und der muss sich harmonisieren, und dazu braucht er Zeit – also muss er alt sein.

Port und Stilton sind ein Traumpaar, wie etwa Katherine Hepburn und Spencer Tracy, und sie gehören zu England wie Kricket und die Queen. Ganz anders als der salzlastige Roquefort oder der entweder süße oder ziemlich spröde Gorgonzola (abhängig davon, ob es sich um die moderne Dolce- oder die traditionelle Piccante-Variante handelt) ist der kremige englische Blauschimmler runder im Geschmack. Er bröckelt ein wenig und zergeht doch buttrig auf der Zunge, bestens unterstützt von Süße, Alkohol und Gerbstoff des Portweins.

Unser Freund hatte den Stilton nicht in seiner ganzen zylinderförmigen Pracht auf der Anrichte stehen, er höhlte ihn nicht aus, und er kippte keinen Portwein in ihn hinein. Seinen Vorfahren wäre sonst sicher ein sehr pikiertes *»We are not amused«* entfahren. Er hatte vielmehr am Morgen unseres Besuchs ein Stück Stilton von Salters Family Butchers in Aldeburgh gekauft. Es verstand sich von selbst, dass es bei einem Spitzenfleischer den besten aller Stiltons gab, nämlich Colston Bassett. Gleichermaßen eine Selbstverständlichkeit war die Dose mit den *water biscuits*, knusprig dünnen Crackern, die sich dezent zurückhalten und die große Geschmacksbühne den zwei Hauptfiguren überlassen: beide hinreißend, charaktervoll und vor allem eigenständig, wie Tracy und Hepburn in ihren besten Filmen.

Der Ursprung der Port-im-Stilton-Legende liegt in der viktorianischen Zeit, in der Queen Elizabeth' Ururgroßmutter Victoria lebte. Ihre wirtschaftlich besser gestellten Untertanen mussten auf ihren Landsitzen langfristiger planen als heute; Portwein wurde in Kisten, Stilton üblicherweise im Ganzen geordert. Trotz fleißigen Konsums und käsefreundlich schwacher Heizung war das untere Drittel des acht Kilo schweren Trumms zweifellos ziemlich streng und trocken. Also wurde ganz pragmatisch mit etwas Port »aufgefrischt« – womit sonst? Eine ideale Kombination. Wie Katherine Hepburn und Spencer Tracy. Und da wir schon beim Film sind: *Dinner for One* ist in England so gut wie unbekannt. Was den meisten Deutschen als Bilderbuchbeispiel englischen Humors gilt, findet auf der Insel niemand so richtig komisch. Da trinkt man lieber live. Unter anderem Portwein. Mit Stilton. Getrennt serviert.

Kurze Faktenpause für die Grundzüge der Stilton-Herstellung bei Colston Bassett, also in Optimalform. In einer großen rechteckigen Edelstahlwanne wird die möglichst frische Milch auf 30 °C erhitzt, dabei *Penicillium-roquefortii-Kulturen* (eine dunkelgrüne Flüssigkeit), Milchsäurestarter und zum Schluss Lab eingerührt. Danach muss eine Zeitlang weitergerührt werden, mit einem großen Paddel, bis die Milch zu gerinnen beginnt, damit das Fett sich nicht an der Oberfläche absetzt (und später mit der Molke abläuft). Nach etwa 90 Minuten (relativ lange im Vergleich zu anderen Käsesorten) wird die sehr weiche Gallerte mit einer kurzstieligen Harfe von Hand in ein Zentimeter große Würfel geschnitten, die etwa zwei Stunden in der Molke ruhen und dabei säuern. Dann lässt man die Molke ablaufen und den Bruch nochmals etwa eine Stunde ruhen, bevor er von Hand mit flachen runden Kellen in vielen Schichten vorsichtig in eine zweite, mit einem perforierten Blech und Tüchern ausgelegte Wanne geschöpft wird. Dort bleibt er über Nacht, säuert sachte weiter, die Molke läuft weiter ab. Rund 24 Stunden nach dem Einlaben wird dieser Bruchfladen in einer Mühle in nicht ganz walnussgroße Teile zerschnitzelt, mit der Hand gründlich mit Salz vermischt und ganz lose in hohe zylindrische, perforierte Formen gefüllt und im *hastening room*, dem ersten, eher warmen und trockenen Reiferaum, zum Trocknen in Regale gestapelt. Wie bei jedem Käse ist regelmäßiges Wenden in diesem frühen Stadium extrem wichtig (früher wurden die Käse außerdem bandagiert, bis sie eine Rinde bildeten, und auch diese Bandagen mussten immer wieder gewechselt werden). Nach drei bis fünf Tagen nimmt man die Käse aus den Formen und glättet sie rundherum mit der flachen Klinge eines gewöhnlichen Tafelmessers. Dieses *»rubbing up«* sieht aus, als streiche man über Butter und ist doch harte Arbeit, die einige Übung erfordert, da die Käse keineswegs butterweich sind, sondern eher elastisch zäh. Eine glatte Oberfläche ist aber wichtig, damit vorerst kein Sauerstoff eindringt und sich eine gleichmäßige Rinde bilden kann. Der nächste Reiferaum, der *conditioning room*, ist etwas kühler und duftet fruchtig und nach brauner Butter, der dritte eher nach gesäuertem Quark. Dort haben die Käse in den Holzregalen nach etwa sechs Wochen bereits eine braune Rinde und werden von der Seite mit einer Maschine angestochen (*»pierced«*), was nach einer Woche wiederholt wird, wobei der Zeitpunkt des Anstechens und der Durchmesser der Nadeln den Verlauf der Reife entscheidend beeinflussen. Auf der braunen Rinde wachsen nun allmählich grauweiße Kulturen, und sie soll lebendig und weich bleiben statt hart und trocken. Während all der Wochen verfolgt der Käsemeister immer wieder mithilfe des Käsebohrers, wie sich die Käse entwickeln – bereits die Festigkeit beim Einstechen spricht Bände, die Farbe und Textur des Teigs, Ausbreitung des Schimmels, Bitteres, Säure, Röstiges und Tropisches, dann Umami, Süße und Butter ... Schließlich werden die Zylinder in Papier gewickelt und in Pappkartons verpackt. Insgesamt ist das nicht anders als aufwendig zu nennen – eine Mrs Musson aus Wartnaby bemerkte noch Anfang des 20. Jahrhunderts, Stilton mache zwar keinen Lärm, bereite aber ansonsten mehr Ärger und Mühe als kleine Kinder.

Der Käse von Colston Bassett ist grandios, vor allem, wenn man ihn bei Neal's Yard Dairy kauft. Inzwischen bin ich auch dort hingefahren, wo er entsteht, in die Käserei bei Harby, an der Grenze zwischen Nottinghamshire und Leicestershire. Angesichts der nahezu weltweiten Verbreitung dieses Käses wirkt der Betrieb überraschend übersichtlich, und tatsächlich gibt es unter den Erzeugern, die sich in der Stilton Cheesemaker Association zusammengetan haben, wesentlich größere. Der Verband entstand 1913 auf Initiative eines Arztes aus der Region, die Geschichte des Stilton selbst reicht jedoch viel weiter zurück. Auch dieser Käse ist natürlich nicht »erfunden« worden, sondern hat sich seit dem späten 17. Jahrhundert aus regionalen Praktiken und Gewohnheiten entwickelt. Die Details sind unklar, aber das Herrengut Quenby Hall in Hungarton spielt darin ebenso eine Rolle wie verschiedene Bäuerinnen und das Bell Inn in dem Örtchen Stilton selbst, eine wichtige Poststation bei Peterborough an der Great North Road, seit römischen Tagen Hauptverbindung zwischen London und Edinburgh. Stilton lag exakt eine Tagesreise nördlich von London, hier wechselte man die Pferde, übernachtete und stärkte sich mit örtlichem Bier und Käse. Der englische Schriftsteller Daniel *»Robinson Crusoe«* Defoe berichtete in seinem 1725 veröffentlichten Reisebericht, er sei »durch Stilton gekommen, bekannt für seinen Käse. Man nennt ihn unseren englischen Parmesan und serviert ihn so dick mit Milben und Maden bedeckt, dass man einen Löffel dazu bekommt, um die Milben mit dem Käse zu essen.« Gute Milch hatte es dank der satten Weiden in den East Midlands rund um Nottingham immer gegeben, im Laufe des 18. Jahrhundert stiegen aufgrund von gezielter Züchtung auch die Mengen. Ursprünglich vielleicht gepresst, härter und länger gelagert, setzte sich letztendlich die Variante des Stilton als *»cream cheese«* durch, hergestellt aus Vollmilch, der man eine gehörige Menge Sahne hinzufügte. Ein Luxus also, den man deutlich teurer verkaufen konnte als Cheddar und der in London, damals wie heute wichtiger, finanzstarker Absatzmarkt, äußerst begehrt war. Als ab den 1840er Jahren die Postkutschen ziemlich abrupt von der Eisenbahn verdrängt wurden, rückte London noch näher, und die örtlichen Märkte wimmelten von Kommissionären und Händlern (viel Käse bedeutete übrigens auch viel nahrhafte Molke, die man an Schweine verfütterte, so dass quasi als Stilton-Nebenprodukt der Melton Mowbray Pie zu einer regionalen Spezialität wurde, eine Schweinefleischpastete in wunderbar schmalzmürbem Teigmantel, die heute in ihrer besten Form von Mrs King im Londoner Borough Market angeboten wird).

Mit dem Erfolg veränderten sich auch die allgemeinen Produktionsbedingungen beim Stilton. Lange Zeit waren Rezepturen und Knowhow auf den Höfen von den Müttern an die Töchter weitergegeben worden, und während der Saison von längstens April bis Oktober entstand in vielen Fällen nur jeweils ein Käse täglich. 1875 eröffnete die erste Käserei-Fabrik mit 30 Angestellten, die die Milch mehrerer umliegender Höfe verarbeitete, 1935 gab die letzte Hofkäserei auf. Während des Zweiten Weltkriegs durfte aufgrund der bereits erwähnten Rationierungsmaßnahmen durch das Ministry of Food von 1939 bis 1954 kein Weichkäse produziert werden – und also auch kein Stilton. Sämtliche Milch floss in Hartkäse, den sogenannten *Government Cheddar*.

Anders als beim Cheddar hatte man sich allerdings darum gekümmert, den Namen Stilton zu schützen und die Prinzipien seiner Herstellung festzulegen: Er darf nur in den drei Grafschaften mit der dort erzeugten Milch hergestellt werden, in der traditionellen zylindrischen Form ohne jegliches Pressen, mit natürlicher Rindenbildung und feinen blauen Adern, strahlenförmig von der Mitte ausgehend und mit dem »typischen« Geschmacksprofil. Es ist durchaus anzunehmen, dass der Stilton wie so viele Blauschimmelkäse ursprünglich ein »weißer« Käse war, der eisenreiche Boden aber die Bildung von Blauschimmel begünstigte, was dann zum Alleinstellungsmerkmal wurde. 1936 schlossen sich Fabrik-Besitzer zur Stilton Cheese Makers Association zusammen, und nach 1954 nahm man die Produktion wieder auf. 1966 wurde Stilton als Warenzeichen eingetragen, 1996 folgte der von der EU eingeführte Herkunftsschutz. Ungewöhnlicherweise fordert er das Pasteurisieren der Milch – und das macht die Stilton-Geschichte der Moderne besonders interessant. 1988 war Colston Bassett der letzte Erzeuger, der die Milch wie von jeher unbehandelt, also »roh« verarbeitete. In jenem Jahr kam es jedoch ausgerechnet zur Stilton-Hochsaison am Jahresende zu einer Reihe von Lebensmittelvergiftungen im Südosten Englands, die auf den Verzehr von Colston-Bassett-Stilton zurückgeführt wurden. Lediglich einer der 155 Betroffenen wurde kurze Zeit stationär behandelt, alle erholten sich nach einigen Tagen, doch der Vorfall ging als vermeintlicher Lebensmittelskandal groß durch die Presse. Bei Colston Bassett führte das zu einem Rückruf sämtlicher Käse. Eine Anlage zum Pasteurisieren der Milch wurde installiert, und der Verband entschloss sich zur präventiven Selbstzensur: Seither muss dieser Käse grundsätzlich aus pasteurisierter Milch erzeugt werden, wenn man ihn unter dem Namen Stilton vermarkten will.

Das Erhitzen der Milch auf mindestens 72,5 °C für 20 Sekunden veränderte den Käse zweifellos – leider habe ich ihn vor 1988 nie selbst verkostet. Es dauerte sicher einige Jahre, bis die Rezeptur wieder im Gleichgewicht war. Heute steht Colston Bassett erneut ganz oben in der Stilton-Hierarchie. Der gegenwärtige Geschäftsführer und Käsemeister (der vierte in der Betriebsgeschichte) heißt Billy Kevan, ein äußerst engagierter Mensch, in dessen Adern wahrscheinlich Stilton statt Blut kreist. Er ist sich der Verantwortung gegenüber den heutigen Eigentümern, vier Bauern mit rund 500 Kühen, sehr bewusst – sein Ziel ist bestmögliche Qualität bei möglichst geringem Risiko und größtmöglichem Absatzmarkt. Das bedeutet seit 1989 auch mikrobielles Lab, um Vegetarier als Kunden zu gewinnen, nur die für Neal's Yard Dairy bestimmten Käse werden mit Kälberlab erzeugt.

Lange Zeit schrieb ich mit großer Selbstverständlichkeit, der beste Stilton stamme von Colston Bassett. Doch hat er Konkurrenz bekommen. Und die heißt nicht Stilton, sondern Stichelton. Dieser ganz ähnliche Käse versucht an die Zeiten vor der gesetzlich vorgeschriebenen Pasteurisierung anzuknüpfen. Er wird seit 2006 aus unbehandelter Biomilch gemacht und ist auf die Initiative von Randolph Hodgson entstanden, Gründer von Neal's Yard Dairy in London. Er hat dieses Projekt angestoßen und in Joe Schneider, einem gebürtigen New Yorker, einen kongenialen Partner gefunden.

Einfach war und ist diese Rückfindung nicht. Denn seit 1989 ist wie erwähnt kein Stilton mehr aus Rohmilch entstanden, und Colston Bassett schien ein sehr überzeugendes Beispiel dafür, dass sich aus pasteurisierter Milch großer Käse erzeugen lässt. Auch ich war dieser Meinung, und als ich 2007 den ersten Stichelton probierte, änderte das erst einmal nichts an meiner Einstellung. Er war schön kremig, aber wo war dieses wunderbare pilzige, erdige Aroma, das so lange anhält? Heute hingegen bietet Stichelton neben der sahnigen Üppigkeit eine ungeheure Geschmackstiefe. Im Gegensatz zu der imposanten, schokonussigen Colston-Bassett-Komplexität wirkt er eher feinkaramellbuttrig und fruchtig. Bester Stichelton verdient den besten Portwein, aber eher einen LBV, also einen etwas weniger gerbstoffreichen Late Bottled Vintage als die volle Vintage-Power eines auf der Flasche gereiften Jahrgangsports.

Dass dieser neue alte Käse nicht Stilton heißen darf, sondern mit seiner Bezeichnung auf die historische angelsächsische Form dieses Ortsnamens ausweichen muss, zeigt, dass die Bürokratie ein Esel ist und Menschen gelegentlich erstaunlich kleingeistig.

Joe Schneider nimmt das gelassen. Er arbeitete ursprünglich in der Baubranche und kam erst Mitte der 1990er Jahre in den Niederlanden zum Käse. 1998 hatte er in London bei Neal's Yard Dairy in Covent Garden eine Erleuchtung: Er wollte Käse machen, die einen Platz auf diesen Regalen verdienten. Er baute daraufhin sehr erfolgreich die Daylesford-Käserei in Gloucestershire auf, knappe drei Autostunden nordwestlich von London. Arthur Cunynghame, seinerzeit Inhaber der Traditionsadresse Paxton & Whitfield, hielt ihn schon damals für einen der besten britischen Käser. Dann kam Randolph Hodgson mit der Idee, wieder Stilton aus unbehandelter Milch zu machen. Die beiden suchten lange nach einem geeigneten Standort, endlich einigten sie sich mit der Welbeck Estate, ein Anwesen des Duke of Portland in Nottinghamshire. Dort gab es nicht nur eine eigene Herde schwarzweißer Holstein-Rinder, sondern auch alte Käserei-Gebäude, die renoviert werden konnten. Vieles andere hingegen musste und muss neu erarbeitet werden. Die Kühe geben großartige Trinkmilch (die im sehr besuchenswerten Welbeck Farm Shop – mit angrenzendem Café und großartiger Kunstsammlung – als Rohmilch verkauft wird), doch hatte man auf dem Hof keinerlei Erfahrungen mehr mit den Anforderungen, die das Verarbeiten zu Käse mit sich bringt. Auf den ersten Erfolg folgten zermürbende Rückschläge. Zwei Jahre reiften die Käse viel zu schnell, die Rinde wuchs in die Laibe hinein. Joe Schneider überprüfte sämtliche Arbeitsschritte, stellte alles in Frage und experimentierte mit anderen Kulturen, bis sich herausstellte, dass Palmöl in einem Kraftfutter-Mix die Ursache war.

Das Problem mit dem Namen hingegen lässt sich anscheinend nicht lösen. »Einer der ältesten und angesehensten britischen Käse«, sagt Joe Schneider mit deutlicher Frustration in der Stimme, »darf mit Cranberries und Aprikosen vermischt auf den Markt kommen, aber nicht wie zuvor jahrhundertelang aus Rohmilch erzeugt werden – die Stilton-Tradition hat doch keiner gepachtet, die heutigen Erzeuger haben sie nur zu erhalten und zu pflegen!« Aus seiner Sicht macht der Herkunftsschutz in Großbritannien so keinen Sinn. Trotzdem arbeitet er hartnäckig weiter mit seiner »sehr langsamen« Rezeptur. Es ist wirklich zu schmecken, dass der Bruch, für den nur sehr wenig und grundsätzlich tierisches Lab zum Einsatz kommt, sehr behutsam handgeschöpft wird. Joe Schneider hat viel angestoßen und andere inspiriert, wie Mike Thomson mit seinem Young Buck in Nordirland (über den mehr im nächsten Kapitel). Es soll nicht verwundern, dass er gelegentlich auf wunderbar exzentrische Art (eine Eigenschaft, die den Inselbewohnern ja ebenso gern und lange nachgesagt wird wie das schlechte Wetter) in einer eigenen Welt zu leben scheint: Wenn andere Käser ihre Schützlinge bei Fachtreffen wortreich vorstellen, dann singt er seinem Stichelton einfach ein Ständchen, *Love me tender*. Der König der Käse lässt sich nicht von Bürokraten unterkriegen, er bahnt sich seinen Weg. Her mit dem Port.

Unfälle, Zufälle, glückliche Fügungen: Der Blues

David Gremmels, Rogue Creamery *Oregon/USA*
Arturo Chiriboga, *Bad Hindelang/Allgäu*
Lyndell Findlay, Blue Harbour Cheese *Halifax/Kanada*
Mike Thomson, Mike's Fancy Cheese *Newtonards/Nordirland*

Der Blues ... Manchmal erwischt er einen einfach so, unvorbereitet. Man stelle sich vor, wie des Käsers Messer erwartungsvoll in den neuen Laib gleitet, das Wasser im Mund zusammenläuft, weil der Mensch sich an die süße Aromatik der konzentrierten Milch des letzten Laibs erinnert ... Und dann: der Blues. Schimmel. In verzweigten Adern, die sich von einem ungewollten Riss in der Käserinde nach innen ausbreiten. Ein ganzer Laib verdorben, die konzentrierte Milch von vielen Tieren – das Gegenteil eines glücklichen Tages. In der Folge sind verschiedene Szenarien vorstellbar. Wut, und der Laib fliegt im hohen Bogen in eine Ecke. Hunger, und verzweifeltes Verdrängen. Oder aber: Neugier. Offenheit. Trotz alledem. Vielleicht schmeckt das? Wie schmeckt das?

Verschimmelten Käse als besonders und potenziell köstlich zu empfinden, das ist nicht selbstverständlich. Wie wohl damals dem südfranzösischen Schafshirten zumute gewesen ist? Der vergaß frischen Käse und Brot in einer Höhle, sagt die Roquefort-Legende, weil er einem Mädchen hinterherlief, und erinnerte sich erst Wochen später wieder daran. Der blaue Schimmel, der sich inzwischen über Brot und Käse ausgebreitet hatte, riss ihn sicher nicht zu spontanen Jubelschreien hin. Hungrig und neugierig, wie er war, aß er von dem Käse und ließ andere davon kosten. Wie so viele traditionelle Käse ist Roquefort durch einen »Unfall« entstanden, bei dem jemand das Positive im scheinbar Negativen erkannte und das Missgeschick nachbaute, in diesem Fall die großartige Balance zwischen kremigsüßer Schafsmilch-Üppigkeit und tiefer Würze. Allerdings kann das, abgesehen vom optischen Hemmnis, für manche Gaumen einfach zu viel des Guten sein, wie die mineralisch-salzigen Aromen mancher Weine. Und wozu neigen wir, wenn etwas zu scharf, zu salzig, zu würzig, zu bitter ist? Wir versüßen es uns. Blauer Käse und süßer Wein, das ist altbewährt: Roquefort und Sauternes aus dem Bordeaux, Stilton und Portwein, Gorgonzola und Marsala – oder in Birnenschnaps eingelegte Weinblätter wie beim Rogue River Blue, den David Gremmels in Oregon an der Westküste der USA erzeugt.

Der umgängliche 50-jährige Amerikaner wird nicht ohne Grund von Mitarbeitern, Freunden und Kollegen Mr Blue genannt, er geht das Thema offensiv an: »Ich fange bei Käseproben immer mit den blauen Sorten an, und alle sind glücklich.« 2002 hat er die Rogue Creamery übernommen. Diese kleine Käserei im Süden von Oregon auf halbem Weg zwischen San Francisco und Portland ist nicht nur eine der ältesten der USA, sondern auch seit langem auf die Produktion von Blauschimmelkäse spezialisiert. David Gremmels führt diese Tradition fort.

Rogue River Blue ist ein großartiger Käse, wahrhaft ein Paukenschlag und das Maximum an aromatischer Milchkonzentration, das sich in nicht harter Form vorstellen lässt. Weniger bröckelig und salzig als Roquefort lässt er sich mit der Zunge zerdrücken, schmilzt dann beinahe wie wieder fest gewordene braune Butter und knuspert obendrein mit vielen kleinen Reifekristallen. Er erinnert an duftendes Heu und Stroh, aber auch an Haselnüsse und gebratenen Kohl, mit einer Umami-Note, diesem fünften Geschmackssinn herzhafter Köstlichkeit, die wiederum an geräucherten Speck und vielleicht einen Hauch von Marmite, den englischen Hefeaufstrich denken lässt. Zu alldem gesellt sich eine sehr vergnügliche, fruchtige Süße – meine Kollegin, die Käse-Expertin Liz Thorpe beschreibt Rogue River Blue in *The Book of Cheese* als *»flavor cascade«*, einen Wasserfall an Geschmack. Er wird nur um die Herbstsonnenwende gemacht, weil die Milch der im Tal des Rogue River weidenden Kühe dann besonders reichhaltig ist. Im Winter überprüfen David Gremmels und sein Team immer wieder, welche Chargen der gut zwei Kilo schweren, runden Laibe sich für das Spitzenprodukt der Käserei qualifizieren. Diese werden in Weinblätter gehüllt, die wiederum in Birnenschnaps eingelegt wurden, und reifen ein weiteres Jahr.

Mehr schmeckbare Landschaft als dieser Käse ist schwer vorstellbar, so gut wie alles an und in ihm erzählt von dem idyllischen Tal des Rogue River, der vom Crater Lake in Richtung Pazifik fließt. In Grants Pass, eine halbe Autostunde westlich von der Käserei in Central Point, verpflegen sich die 130 Kühe der Rogue Creamery, eine gemischte Herde aus Holsteins, Jersey, Brown Swiss, Shorthorns und Ayrshires, von März bis November auf den Weiden rund um den hohen, luftig-offenen Stall. Im Reifekeller haben sich über die Jahre hauseigene Kulturen angesiedelt, darunter auch etwas Rotschmiere, die für die außergewöhnlichen »fleischigen« Töne im Käse sorgt. Die Birnen stammen aus den umliegenden Obstgärten, für die das Tal berühmt ist, und sie mazerieren in ebenfalls lokal erzeugtem Alkohol. Im Frühjahr pflückt das Rogue-Team dann bei der weiter südlich gelegenen Cowhorn Winery die Blätter von Syrah-Reben, die wiederum in diesen Birnen-Auszug eingelegt werden. Es sind viele einzelne Arbeitsschritte, die in ihrer Gesamtheit dem Käse seine spannende Komplexität verleihen.

David Gremmels ist ein vielseitig interessierter Mensch, der nebenbei Hühner, Bienen und Hunde hält und sich in Tweedjacket und handgebundener Fliege genauso wohlfühlt wie im Rennradtrikot oder mit weißem Haarnetz am Käsekessel. Er ist auf einer

Rinderfarm in Washington State aufgewachsen und wollte eigentlich nichts mit Landwirtschaft zu tun haben. Er arbeitete als Designer, Künstler und in der Werbebranche, baute aber schließlich seine eigene, bio-zertifizierte Farm in Grants Pass auf, um zuverlässig hochwertige Milch verarbeiten zu können – »der Kreis schließt sich immer wieder«, sagt er lächelnd, während er ein Kalb am Kopf krault.

Nach Oregon, wo die Familie regelmäßig die Ferien verbrachte, ist er ursprünglich nicht wegen Milch und Käse, sondern wegen der Birnen gezogen. Vielen Amerikanern ist der Werbespruch *»Pears you can eat with a spoon«* vertraut, die »Birnen, die man mit dem Löffel essen kann« wachsen hier im Süden von Oregon. Dieses Unternehmen bot David Gremmels 1999 den Posten des Artdirectors an, worauf er ins nahegelegene Ashland zog, ein heruntergekommenes historisches altes Haus kaufte und es von Grund auf renovierte. »Wir haben großartige Partys dort gefeiert, ich wollte daraus eine richtige Weinbar machen und war auf der Suche nach gutem Käse«, erzählt er. Er recherchierte, fuhr zu Käsereien bis nach Vermont – um dann buchstäblich vor der eigenen Haustür auf die Rogue Creamery zu stoßen, eine der ältesten Käsereien an der Westküste.

Deren Geschichte begann 1933 während der Great Depression, als es auch hier im Tal für alle schwer war, überhaupt über die Runden zu kommen. Einige Bauern taten sich zusammen, um ihre Milch gemeinsam zu verarbeiten und zu vermarkten und gründeten eine kleine Milchgenossenschaft in Grants Pass, die zwei Jahre später von Tom Vella übernommen wurde. Die Vellas waren 1849 während des Goldrush aus Sizilien nach Kalifornien gekommen und hatten bereits 1931 eine Käserei in Sonoma nördlich von San Francisco etabliert, die Vella Cheese Company. In Oregon baute Tom Vella in Central Point nun ebenfalls eine Käserei, die Rogue Creamery, sorgte sehr zielstrebig für Absatz und damit auch für Arbeitsplätze und war immer aufgeschlossen für Neues. Nach dem

Zweiten Weltkrieg war Rogue Creamery der erste größere Cottage-Cheese-Produzent in Oregon, dann entdeckte Tom Vella den Blauschimmelkäse für sich. Er fuhr Anfang der fünfziger Jahre zum heiligen blauen Gral nach Roquefort und verstand sich sofort prächtig mit den dortigen Bauern und Käsern. Nachdem er alles genauestens inspiziert hatte, baute er zu Hause den Höhlen in Roquefort nachempfundene Reiferäume. Anfang 1954 war es so weit: Oregon Blue war geboren, bald gefolgt vom kremigeren Oregonzola. Tom Vella starb hundertjährig 1998, worauf sein Sohn Ignacio an die Spitze des Familienunternehmens rückte.

Den stämmigen, markanten Mittsiebziger Ignacio Vella, von allen nur Ig genannt, lernte ich 2002 auf meiner ersten Käserecherche-Reise nach Kalifornien in Sonoma kennen. Er erzählte mir von seiner Kindheit, wie für seine Großmutter frisches Gemüse aus dem eigenen Garten eine Selbstverständlichkeit gewesen war, und er daher schnell die Bedeutung der neuen Food-Bewegung erkannt hatte, hin zum Regionalen und Handwerklichen. In der Vella Cheese Company wird nach wie vor handwerklich gearbeitet. Sie ist in einer ehemaligen Brauerei untergebracht, dort arbeiten die Käser in langen weißen Gummischürzen und machen an großen Wannen Asiago, Cheddar und Toma Piemontese, sogenannte ethnische Sorten aus der Heimat der Einwanderer.

Star des Vella-Sortiments (und mein Favorit) ist seit langem der Dry Jack, der auf einen erstmals von Franziskanern in Monterey, südlich von San Francisco, Ende des 18. Jahrhunderts erzeugten Käse zurückgeht und heute an der Westküste weit verbreitet ist, wenn auch in äußerst unterschiedlicher Qualität. Bei Vella wird der Käsebruch in Baumwolltücher gedrückt und getrocknet und dann mit einer Mischung aus Kakaopulver, Pfeffer und Öl bepinselt, um ihn vor Rissen und Fremdkulturen zu schützen. Zwischen sieben und zwölf Monate reift er auf Holzregalen zwischen den kühlen, duftenden Steinmauern des alten Gebäudes. Das Ergebnis ist großartig, ein ausdrucksvoller, feinbröckelig-mürber Käse, der in der Konsistenz an alten Edamer erinnert, jedoch fruchtiger schmeckt und die Ländlichkeit von Sonoma County widerspiegelt. Denn im Gegensatz zum westlich davon gelegenen mondänen Napa Valley mit seiner Wein-Monokultur wechseln sich hier auf den Bergen und in den Tälern Weiden mit mächtigen Redwood-, duftenden Eukalyptus- und anmutigen Zedernbäumen ab, gibt es noch Obstwiesen und Gemüsefelder. »Napa Valley war von Anfang an fest in den Händen der High Society aus San Francisco, weil es leichter erreichbar war«, erklärte mir Ig Vella, »bei uns in Sonoma ging es schon immer weniger *glamorous* zu«. Er strahlte den bodenständigen Pragmatismus eines Menschen aus, den harte Arbeit und die Verantwortung für ein mittelständiges Unternehmen zu Realismus und Wirtschaftlichkeit zwingen. Natürlich würden sie die Käse für den Versand portioniert in Plastikfolie einschweißen: »Was nützt meinen Kunden, die über die gesamten USA verstreut sind, verdorbener Käse?«

Zu diesem Ig Vella ging also David Gremmels, um ihn als Käselieferanten für seine Weinbar zu gewinnen. Und bekam als Antwort zu hören, wenn er Käse wolle, müsse er ihn verdammt nochmal selber machen, die Rogue Creamery stünde zum Verkauf. Denn nachdem Ig Vella die Käserei modernisiert hatte und drei Jahre lang zwischen Sonoma und dem sechs Autostunden entfernten Central Point gependelt war, sprach seine Frau ein Machtwort: Um Rogue richtig zum Erfolg zu führen, müsse er nach Oregon ziehen. Ihr Mann entschied sich für Sonoma und suchte nach Käufern. Auf gar keinen Fall wollte er an einen Investor verkaufen, der nur auf die etablierten Marken aus war, oder an einen Spekulanten, der die Käserei womöglich weiterverkaufen oder gar schließen würde; David Gremmels schien ihm ein guter Kandidat. Der brauchte (mit seinem damaligen Partner Cary Bryant) drei Wochen, um sich mit diesem überraschenden Angebot anzufreunden, dann besiegelte am 1. Juli 2002 ein Handschlag den Deal. Ein Jahr lang fuhr Ig Vella jeden Monat für eine Woche nach Oregon und führte David Gremmels in die Kunst des Käsemachens ein. »Wenn Ig hier war, haben wir jeden Tag zusammen Käse gemacht«, erinnert sich David Gremmels, »wir haben zusammen gegessen, Espresso getrunken, über die Vergangenheit und Zukunft geredet. Ich habe damals so viel gelernt, Ig war bis zu seinem Tod 2011 wie ein Vater für mich.« Der kleine, hellgelb gestrichene Holzbungalow neben der Käserei, in dem Ig Vella damals wohnte, wird heute an Besucher vermietet.

David Gremmels versenkte sich fortan ganz und gar in das Thema Käse, belegte Kurse am Institute of Artisanal Cheese in Vermont und an der University of California in Davis, besichtigte Käsereien in Wisconsin und Oregon. Er entwickelte sich schnell zu einer der wichtigsten Schlüsselfiguren der handwerklichen Käseszene (die Weinbar übergab er 2007 an die Köchin Lynn Flattley, die sie als Restaurant Coquina betreibt – sehr empfehlenswert!). Bereits 2002 reichte er einen Oregonzola beim Wettbewerb der American Cheese Society ein, der Vereinigung amerikanischer Käseproduzenten, die er in der Folge maßgeblich mitprägen sollte. Der Oregonzola ging jedoch leer aus, während mehrere Käse von Sally Jackson ausgezeichnet wurden (zu dieser außergewöhnlichen Bäuerin und Käserin mehr im nächsten Kapitel). »Das beflügelte mich nur noch mehr, Sallys Käse haben mich enorm inspiriert«, sagt er.

Neben dieser positiven Grundeinstellung betont David Gremmels immer wieder, dass er sich nicht als Besitzer, sondern als Steward, als Verwalter von Rogue Creamery begreift, in der das 50-köpfige Team im Mittelpunkt steht – sein soziales Verantwortungsbewusstsein ist groß. Auf seine Initiative haben sich entlang der Hauptstraße von Central Point andere Lebensmittelproduzenten angesiedelt, und seit 2003 findet an diesem *Artisan Corridor* alljährlich Mitte März das Oregon Cheese Festival statt, mit Käsereien aus den ganzen USA, deren Auswahl es wiederum auch im Laden von Rogue gibt.

Die alte Käserei ist ein eher unauffälliges flaches Betongebäude, doch der ehemalige Artdirector hat davor einen alten Pick-up in leuchtendem Rogue-Blau gestellt und die Fassade mit einem ebenso blauen Neon-Schriftzug versehen, modern und klassisch zugleich. Sein Team und er sind ebenso innovativ eingestellt, wie es die Vellas waren. Zusammen haben sie sämtliche Käse unter die Lupe genommen und neue entwickelt – »ich glaube, dass Innovation der Schlüssel zum amerikanischen Käse ist, schließlich bin ich Designer«, sagt David Gremmels. Mehr aus historischen als wirtschaftlichen Gründen produziert Rogue nach wie vor Cheddar, und es gibt inzwischen auch einen Mozzarella und den Touvelle, einen Schnittkäse. Das Herz des Unternehmens und der Theke im Laden sind und bleiben jedoch die Blauschimmelkäse, es ist eine große Familie mit dem Rogue River Blue an der Spitze.

Der Blues ist heute ein richtiger Trend unter den Käsemachern, kein Unfall mehr. Auf einer der nächsten Recherche-Reisen, zum entgegengesetzten Ende des nordamerikanischen Kontinents in Halifax, der Hauptstadt der vom Atlantik umgebenen kanadischen Provinz Nova Scotia, lernte ich im Mai 2017 Lyndell Findlay kennen. Sie erklärte mir mit Nachdruck: »Ich wollte unbedingt Blauschimmelkäse machen. Aber ich wollte keine Bäuerin sein oder auf dem Land leben.« Die Endsechzigerin, Spitzenkandidatin für den Titel Mrs Blue, ist sehr fit, im Gegensatz zu vielen Start-up-Käsern sehr ordentlich und wenn sie spricht, hört man sofort, dass sie in Australien geboren wurde. Ihr Pass ist jedoch seit 1999 ein kanadischer: »Ich habe lange für die UN an sehr interessanten Orten mit Flüchtlingen gearbeitet, aber viele Sommer an der kanadischen Ostküste verbracht, und irgendwann wusste ich einfach, dass dies meine eigentliche Heimat ist.«

Ein neues Leben, eine neue Karriere, das war nicht gerade einfach. Käsemachen als Idee gefiel ihr, Ahnung davon hatte sie keine. Also ging sie zuerst nach Ohio für die praktischen Kenntnisse, dann, wie David Gremmels und viele andere, nach Vermont zum Institute of Artisanal Cheese fürs Theoretische. Käsereien sind in Nova Scotia ziemlich dünn gesät, also gründete sie ihr eigenes Unternehmen. Sie fand in Halifax ein *Cottage*, einen kleinen Holzbungalow mit Keller, und baute es zu einem Lebensmittelbetrieb um. Den vorderen Teil vermietete sie an eine Bäckerei, die glutenfreies Brot herstellt, im hinteren residiert, beinahe unsichtbar, seit November 2013 »Blue Harbour Cheese«: eine super-aufgeräumte, bestens organisierte Kleinstkäserei. Ihr Hauptprodukt, Urban Blue, hat sie durch viele Versuche entwickelt, unter Mithilfe eines örtlichen Feinkosthändlers, Pete Luckett, der mit seinem Team die aus diesen Experimenten entstandenen Käse immer wieder verkostete und Feedback gab. Heute verarbeitet Lyndell Findlay zweimal wöchtlich 240 Liter pasteurisierte Kuhmilch der örtlichen Molkerei zu kiloschweren Käseblöcken, die dreimal trocken gesalzen und dann mit einer maßgefertigten Apparatur angestochen werden, um schließlich in Pergament eingewickelt acht Wochen zu reifen. Innen wächst der Blauschimmel in Adern, außen als trockene graublaue pilzige Rinde, und alles zusammen ist einfach stimmig, zugänglich und charaktervoll zugleich.

Inzwischen hat sie auch eine Quelle für unbehandelte Schafsmilch aufgetan, aus der sie während der Saison Electric Blue (einen Zylinder in der Größe einer Fourme de Montbrison, ausgesprochen fein) sowie den mit Bier geschmierten Hiphop macht (einen quadratischen Weichkäse in der Größe eines Maroilles, der die Schafsfülle säuerlich quarkig bändigt). Doch Urban Blue bleibt der städtische, souveräne Star dieses ungewöhnlichen, überaus erfolgreichen Start-ups, das beweist, dass Kreativität nicht unbedingt Chaos bedeuten muss. Lyndell Findlay ist eine Frau mit einer Mission: »Ich möchte einfach jeden zum Blauschimmelkäse bekehren. Ich gebe ihnen zuerst den milden Urban, und dann arbeiten wir uns weiter vor.« Das nächste Ziel sind nicht nur neue Käsesorten, sondern auch eine kanadaweite Vertriebslizenz sowie eine Exportgenehmigung.

Ein weiterer Vertreter der Blue Family ist Mike Thomson, der bei Belfast in Nordirland seit November 2013 den Young Buck produziert: »Ich habe einfach überlegt, was am Markt gut gehen könnte, und alle sagten, mach uns einen Rohmilch-Blauschimmelkäse.« Der Mittdreißiger hat sich vom Käsebegeisterten zum Käser fortgebildet und verarbeitet heute in einer durch eine Crowdfunding-Kampagne finanzierten Käserei im Industriegebiet von Newtownards die unbehandelte Kuhmilch von einem Nachbarhof. Er hat die School of Artisan Food in Nottinghamshire besucht, und der Young Buck erinnert in Form, Textur und Maserung an den bereits erwähnten Stichelton von Joe Schneider und Randolph Hodgson, die die Schule mitbegründet haben. Aber die Aromen sind andere, der Young Buck wirkt ein wenig leiser und dunkler. Anfangs hat sich Mike Thomson so eng wie möglich ans Stichelton-Rezept gehalten, jetzt verwendet er so wenig Kulturen wie möglich, um herauszufinden, wo sein Käse »hin will«. Absatzprobleme hat er keine, die Welt scheint offen für den Blues.

Auch vor dem Allgäu macht er nicht halt. »Chiriboga Blue müssen wir zuteilen, so beliebt ist er«, berichtet Norbert Sieghart vom Exportunternehmen Kaeskuche, der diesen Käse (und viele andere großartige Sorten aus dem Allgäu und dem Bregenzerwald) von der Oberen Mühle in Bad Hindelang in britische und amerikanische Käsetheken bringt – »wir bauen gerade eine neue Käserei!« Als ich vor einigen Jahren im Formaggio Kitchen, einem Feinkostladen mit großartiger Käsetheke in Cambridge/Massachusetts, einen Abend zu deutschem Spitzenkäse moderierte, musste Chiriboga unbedingt dabei sein. Wir servierten ihn nicht wie David Gremmels als Paukenschlag am Anfang, sondern als Höhepunkt zum

Schluss, und auf den Rat des verantwortlichen Cheesemongers in Schälchen, mit einem Löffel, wie Eiskrem. Tatsächlich spielt dieser Käse in einer derart eigenen Liga von buttrig und süß, dass alle begeistert waren.

Die Chiriboga-Geschichte ist selbst für blaue Verhältnisse außergewöhnlich: Arturo Chiriboga ist in Ecuador geboren und aufgewachsen, hat in der Schweiz das Käsemachen gelernt und studiert und dann in seiner Heimat am Aufbau der Käsebranche gearbeitet, bevor er sich mit seiner deutschstämmigen Frau in Bad Hindelang niederließ. Die Käserei Obere Mühle liegt am Ende eines idyllischen, von hohen Berggipfeln umgebenen grünen Tals, und diese Kulisse hat sicher auch dazu beigetragen, dass dem ruhigen, sympathischen Käser neben einer Reihe anderer guter Käse aus der Milch der umliegenden Höfe dieser Volltreffer gelang. In der Form ähnelt er Roquefort und Bleu d'Auvergne, doch im Geschmack ...

Chiriboga reichert die Milch mit Sahne an und verarbeitet den Bruch mit der Hand – »ich muss ihn fühlen«, sagt er. Nach dem Salzen sticht er die jungen Laibe an, damit sich der Blauschimmel entwickeln kann, und bis zu diesem Punkt erscheint alles ganz normal. Das Ungewöhnliche seiner Rezeptur besteht darin, dass er die Blauschimmelkulturen nicht wie all die anderen Käser im Kessel zur Milch gibt, sondern erst die Nadeln beim Anstechen in die tiefblaugrüne Flüssigkeit eintaucht. Wenn sich dann nach einer Woche im Reiferaum die ersten dunklen Flecken zeigen, werden die Laibe verpackt. Je wärmer und feuchter sie gelagert werden, desto mehr Blauschimmel wächst in und auf dem porzellanweißen Käse und verleiht der buttrigen Süße eine unaufdringliche geschmackliche Tiefe. Ob nun am Anfang als Paukenschlag oder löffelweise als Höhepunkt zum Schluss, der Blues gehört zum Leben.

Hippies und Aussteigerinnen: Die kalifornischen Käsefrauen

Laura Chenel, Sally Kendall, Sally Jackson, Jennifer Bice, Soyoung Scanlan, Mary Keehn, Sue Conley & Peggy Smith

Kalifornien/USA

Es begann mit den Hippies und den gesellschaftlichen Tumulten der 1960er und 70er Jahre. Das Aufbegehren einer ganzen Generation gegen den Status quo, die Verweigerung der Jugend im Widerstand gegen »Vietnam, Klarsichtfolie, Diätpillen und die Atombombe« (wie es die amerikanische Schriftstellerin Joan Didion in *Slouching towards Bethlehem* formulierte) führten nicht nur zu einer neuen kalifornischen Küche, sondern auch zu einer neuen Käsekultur. 1964 gründete Joan Baez in Carmel das *Institute for the Study of Non-Violence*, 1966 begann Alfred Peet in Berkeley Kaffeebohnen nach französischer Art frisch zu rösten, und ein Jahr später bot das Cheese-Board-Kollektiv gleich um die Ecke nicht nur europäische, sondern auch lokale Käse an. Denn es gab durchaus Alternativen zu den Kraft-Scheiben in Klarsichtfolie; die bereits erwähnte Vella Cheese Company produzierte seit 1931 in Sonoma den Monterey Jack, der ursprünglich für die Goldgräber Mitte des 19. Jahrhunderts bestimmt war, die Marin Cheese Company in Petaluma versorgte die Hafenarbeiter in San Francisco seit 1865 mit »Breakfast«, einem einfachen, frischen Weichkäse, und erweiterte ihr Sortiment später um klassische Weißschimmelkäse. Eins ging jedoch gar nicht: Ziegenkäse. Ziegen stanken und waren für die ganz Armen.

Dass sich das grundlegend änderte und diese Käse in den Feinkostläden von San Francisco heute zu den teuersten und gefragtesten gehören, ist dem hartnäckigen Pragmatismus einer ganzen Reihe von Frauen zu verdanken, von denen Laura Chenel und Alice Waters die bekanntesten sind. Als Alice Waters, 27 Jahre jung und gastronomisch vollkommen unerfahren, 1971 in Berkeley das Restaurant Chez Panisse eröffnete, geschah dies im Kontext der makrobiotischen Ernährung, die viele der Hippies aus Protest gegen die Industrialisierung der Lebensmittelproduktion propagierten (Klarsichtfolie!). Alice Waters, damals wie heute extrem idealistisch, servierte hingegen frankreichtrunken kalifornische junge Gemüse und sonnenwarme Früchte statt braunen Reis und Hülsenfrüchte. Das war radikal, weil es Protest und Genuss vereinte. Das Chez Panisse wird häufig als Grundstein der California Cuisine bezeichnet, doch beinahe zur gleichen Zeit bot Patricia Unterman in Berkeley in ihrem kleinen Beggar's Banquet nicht weniger enthusiastisch täglich drei frisch gekochte Gerichte ähnlichen Stils an, und es gab noch eine Reihe anderer. Das Bedürfnis nach radikaler Veränderung lag in der Luft, alle suchten nach neuen Wegen »zurück aufs Land«. Unterman, die später den Hayes Street Grill sowie den Ferry Plaza Farmers Market in San Francisco mitgründete, erinnert sich noch gut, wie absurd damals alles gewesen sei mit dem Essen, weil man alles sofort industriell verarbeitete: »Frischen Fisch aufzutreiben war ein Ding der Unmöglichkeit«, sagt sie.

Laura Chenels »Karriere« als Käsemacherin begann mit ein paar Obstbäumen, einem Gemüsebeet, einigen Hühnern – und ein paar Ziegen zur Selbstversorgung. Zeitgeistgemäß war sie Vegetarierin, und Ziegenmilch, damals allenfalls als Alternative bei Kuhmilch-Allergien gewissermaßen vom Arzt verordnet, stellte für sie eine wichtige Eiweißquelle dar. »Eine Kuh wäre viel zu groß gewesen«, erzählte sie, als ich die damals 53-Jährige auf meiner allerersten Käserecherche-Tour 2002 besuchte. Doch bald faszinierten sie die Tiere, die Herde wuchs – »und wir stellten fest, dass wir doch mehr Wein als Milch tranken!« Was tun? Da kostete sie zum ersten Mal frischen französischen Ziegenkäse – und war hingerissen. »Niemand machte solche Käse in Kalifornien! Ich ging zurück aufs College und lernte Französisch.« Heute ist *chèvre*, französisch für Ziege, in Amerika gleichbedeutend mit Ziegenfrischkäse.

Diese Anfänge sind inzwischen von Mythen umwoben, es ist nicht einfach, im Rückblick eine Chronologie der Ereignisse zu erstellen. Sadie Kendall, heute 72, produziert in Atascadero bei San Luis Obispo Crème fraîche aus Kuhmilch, doch begonnen hat auch bei ihr alles viel früher, Ende der 1970er Jahre, mit einer Ziege als Hobby. Milch und Käse begeisterten auch sie, sie sattelte von Rechts- auf Milchwissenschaft um, lernte viel über die Herstellung von Ziegenkäse und bekam von einem Kommilitonen ein französisches Buch über die Herstellung von Ziegenkäse geschickt (das wenig später auch in Laura Chenels Hände gelangte). 1981 verarbeitete Kendall ihre Ziegenmilch stolz zu Camembert – und stieß auf grundlegende Ablehnung: »Außer ein paar Köchen wollte den niemand, Ziegen, igitt. Ich war meiner Zeit einfach voraus.« Hartnäckig (eine Eigenschaft, die viele käseproduzierende Frauen auszeichnet) baute sie sich trotzdem in der Gastronomie von San Francisco einen Markt auf, entschied dann aber Mitte der 1980er Jahre ganz pragmatisch, sich auf ihr erfolgreichstes Produkt zu konzentrieren, Crème fraîche aus Kuhmilch.

1978 reiste Laura Chenel in den Südwesten Frankreichs und verbrachte einen langen Sommer auf dem Ziegenhof von Jean-Claude Le Jaouen, dem Autor des besagten Buchs über die Herstellung von Ziegenkäse. Sie melkte die Ziegen, half beim Käsemachen, fuhr mit einem kleinen Lastwagen auf die Märkte, um dort den Käse zu verkaufen. Im folgenden Jahr war sie bereit, zu Hause in Sonoma County genau solchen *chèvre* zu machen. Freunde und Bekannte waren erste Abnehmer und lieferten zum Teil auch selbst die Milch, weil viele von ihnen sich aufs Ziegenzüchten kapriziert hatten, bei denen es um die Prämierung der Tiere ging, und große, pralle Euter eine wichtige Rolle spielten. Aber obgleich sie immer mehr Käse produzierte, konnte sie nicht davon leben. Ziegen hatten nach wie vor ein schlechtes Image. Schließlich ermunterte sie ein befreundeter Weinhändler, Alice Waters ihre Käse zu präsentieren. Die war begeistert und orderte umgehend – das war der Durchbruch.

Im Chez Panisse wurden die kleinen runden Käse fortan in Olivenöl mit Thymian mariniert, dann paniert, im Ofen gebacken und auf Mesclun serviert, gemischten Blattsalaten (damals ebenso revolutionär wie der *chèvre*), im Hayes Street Grill von Patricia Unterman steht seit der Eröffnung des Lokals vor 38 Jahren eine Salatvariation mit *chèvre* auf der Karte. Laura Chenel bezog 1981 einen kleinen blauen Holzbungalow in Santa Rosa, der zuvor einem Schneckenzüchter gehört hatte, und richtete dort offiziell eine Käserei ein. Sie gab ihre eigenen Ziegen ab, kaufte nun die gesamte Milch und konzentrierte sich ganz aufs Käsemachen und den Verkauf. Sie arbeitete täglich von sechs Uhr morgens bis weit in die Nacht, baute den Markt auf und aus und entwickelte neben dem runden Chabis und dem stangenförmigen Log neue Sorten. Der gereifte kleine Crottin, der Valençay-artige geaschte Taupinière und der Miniatur-Brie sowie die in aromatisiertem Öl eingelegten Cabecou stammen aus dieser Zeit, außerdem kreiierte sie zusammen mit Ig Vella den Tome, einen gereiften Schnittkäse.

Nach zwölf Jahren war der blaue Bungalow zu klein, und sie zog um, in die stillgelegte Stornetta-Molkerei zwischen Petaluma und Napa. Die *»Crazy Goat Lady«*, wie sie sich selbst gelegentlich bezeichnet, vermisste ihre Tiere, und hier war Platz für eine neue, 500-köpfige Herde. Bei meinem Besuch sprach sie bereits voller Sehnsucht vom Ruhestand – die ursprüngliche Freiheit war mit einer jährlichen Produktion von knapp hundert Tonnen zu einer schweren Verantwortung geworden. Es ging längst nicht mehr um die Verwertung von Ziegenmilch, sondern deren Beschaffung in ausreichender Menge. 2006, vier Jahre nach meinem Besuch, verkaufte sie Marke und Betrieb an die französische Rians-Gruppe der Familie Triballat, die selbst auch Ziegenkäse erzeugt (und 2011 Marin French übernahm, die älteste Käserei der Gegend). Das sorgte für Aufsehen und Entrüstung in der Food-Szene in und um San Francisco – ein Ausverkauf der alten Hippie-Ideale? Doch auf meine Frage antwortete sie ganz nüchtern: »Ich habe immer das getan, was das Unternehmen verlangte.« Laura Chenel könnte heute in der Käseszene ein gefeierter Star sein, lebt aber zurückgezogen in den Bergen in Sonoma County und widmet sich ganz ihren Tieren und all den Dingen, die in den 25 Jahren als Käserin zu kurz kamen.

Ihre Käse florieren jedoch weiterhin, während andere leider ebenso der Vergangenheit angehören wie die im Herbst 2017 abgebrannte Stornetta-Molkerei. Über dreißig Jahre lang verarbeitete Sally Jackson bei Havillah im Okanagan County in Washington State an der kanadischen Grenze auf einer äußerst abgelegenen Farm die Milch ihrer wenigen Kühe, Schafe und Ziegen mit allereinfachsten Mitteln zu außerordentlichen Weichkäse, die mehrere Monate in Kastanien- und Weinblättern reiften. Obgleich ich sie nie besucht oder kennengelernt habe, spielt sie in meinem Käse-Universum eine wichtige Rolle. Als ich 2001 erstmals auf der Cheese war, der internationalen Käsemesse der Slow-Food-Bewegung, die alle zwei Jahre in Bra im Piemont stattfindet, hatten mich reine Neugier und auch Ungläubigkeit zu dem Workshop *American Goat's and Sheep's Milk Cheeses* getrieben – war amerikanischer Käse nicht gleichbedeutend mit quietschorangen Kraft-Scheibletten? Doch nach der Veranstaltung ging ich nach vorne und entschuldigte mich bei Rob Kaufelt, dem Referenten und Inhaber des renommierten New Yorker Käseladens Murray's, für meine Vorurteile. Die Käse, die er für den Workshop mitgebracht hatte, zeugten von individueller

Handarbeit abseits von Massentierhaltung und Fabriken. Diese Käse waren zwar an europäische Traditionen angelehnt, doch in ihrem Wesen ganz eigenständig. Am stärksten beeindruckte mich Sally Jacksons Käse, der mit seiner komplexen und doch unaufdringlichen Würze keinem anderen Käse glich, den ich je probiert hatte. Als ich Rob Kaufelt nach dem genauen Namen fragte, sagte er nur: »Sallys Käse haben keine Namen, und sie brauchen auch keine – sie sind einfach Sally Jacksons Käse, und sie gehören zum Besten, was Amerika an Kultur zu bieten hat!« In seiner Stimme schwang Hochachtung, beinahe Ehrfurcht mit.

Nach meiner Rückkehr aus Italien stürzte ich mich in die Recherche und fuhr schließlich 2002 nach Kalifornien auf meine erste Rechercheреise zu den Produzenten selbst. Seitdem ist der Käse das zentrale Thema meiner Arbeit. Heute wäre ich bereit und gewappnet für den langen Treck zu Sally Jackson. Doch ausgerechnet sie, die so viele neue Käsemacher in den USA und darüber hinaus inspiriert hat, fühlte sich 2011 nach einer von den Behörden angeordneten, in der Szene sehr umstrittenen Rückrufaktion veranlasst, das Käsen ganz aufzugeben. Eine Partie ihrer Käse war mit E.coli-Infektionen in Verbindung gebracht worden, man warf ihr mangelnde Sorgfalt und Hygiene vor. »Unser Betrieb existiert in dieser Form, weil wir so abgelegen sind, weit weg von den Behörden«, hatte mir ihr Mann Roger 2003 in einer E-Mail geschrieben. »Die Lebensmittelaufsicht macht uns das Leben schwer genug. Es hat dreißig Jahre gedauert, bis sich in unserem ›*cheesehouse*‹ die richtigen Bakterien und Pilze entwickelt haben. Ich bin sicher, dass europäische Käsemacher deshalb so erfolgreich sind, weil sie ihre Käse seit Hunderten von Jahren am selben Ort produzieren.«

Kultur entwickelt sich nur langsam, im ständigen, hartnäckigen Kampf gegen viele Widrigkeiten – wozu ich meine Schwierigkeiten, die Käse-Ladies auf ihren Höfen noch ohne GPS und nur dürftiger Ausschilderung zu finden, gar nicht zählen möchte. Bei allen tauchte ich verspätet auf, und alle empfingen mich trotzdem aufs Freundlichste, etwas verwundert über diesen Besuch aus Berlin und doch ganz offen. Ziegenhalter sind Neugier gewohnt.

Zu Jennifer Bice und ihrer Redwood Hill Farm bei Sebastopol gelangte ich nach viel Kurverei auf einer schmalen Landstraße, vorbei an blühenden Wiesen und kleinen Wäldchen, von einem Hügel zum nächsten. Endlich fand ich die rot gestrichenen Holzgebäude, eine halboffene Scheune – und die Ziegen: La Mancha mit winzigen, Nubians mit langen Schlappohren, schneeweiße Saanen, zimtschokobraune Toggenburger mit weißen Söckchen. Über den Hof lief ein Arbeiter in Gummistiefeln und langer weißer Schürze, der einen Hauch von Käse zurückließ. Es hätte ein Ziegenhof in Südwestfrankreich, in der Toskana oder Estremadura sein können, doch hier umgaben den Hof duftende Eukalyptus- und mächtige Redwoodbäume. Die lebhafte, rothaarige Jennifer Bice wirkte ebenso zielstrebig wie ihr kleiner Betrieb professionell. Anders als Laura Chenel war sie bereits die zweite Generation auf dem Hof, ihre Eltern waren 1963 aus Los Angeles »zurück aufs Land« gezogen. Die Ziegenzüchterei, ein Hobby der zehn Bice-Geschwister, führte schnell zum üblichen Überschuss an Milch und in der Folge zum Bau eines kleinen Melkstands und dem Verkauf von Ziegenrohmilch an die Healthfood-Läden der Umgebung. 1970 brachte Redwood Hill den ersten Ziegenkefir auf den Markt, 1978 übernahm Jennifer Bice die Farm zusammen mit ihrem Mann. Ab 1980 boten sie Feta aus Ziegenrohmilch an, 1982 folgte der erste Ziegenjoghurt der USA, und 1994 der erste Ziegen-Camembert, Camellia, benannt nach Jennifers erster Ziege – anders als bei Sadie Kendall gab es jetzt einen Markt dafür. Und anders als bei Sally Jackson war die Technik zum Kühlen und Pasteurisieren der Milch hier immer hochmodern. Jennifer Bice ging stets mit der Zeit und machte trotzdem handwerkliche Käse; ein gelungener Balanceakt zwischen Ursprünglichkeit und Expansion, Technologie und Charakter. 2004 investierte sie in eine große, neue Anlage in Sebastopol, 2015 verkaufte sie Redwood Hill Farm & Creamery an den Schweizer Milchkonzern Emmi. Dieser letzte Schritt schien gleichermaßen radikal wie der von Laura Chenel, war aber ebenso pragmatisch und kam weniger überaschend. Bereits 2010 hatte Mary Keehn, ebenfalls eine Ziegenkäsefrau der ersten Stunde, ihren Betrieb Cypress Grove an die Schweizer verkauft.

Cypress Grove, im äußersten Norden Kaliforniens an der Küste in McKinleyville gelegen, wurde durch ein besonderes Unikat von Käse bekannt, den Humboldt Fog. Der blendend weiße, nach der Humboldt Bay benannte Ziegenkäse hat die Form einer kleinen Torte und ist hauchdünn von Pflanzenasche umgeben, die außen von einem zarten weißen Schimmel überzogen wird, ihn aber auch waagerecht auf halber Höhe als dünne Schicht durchzieht. Er wirkt in der Konsistenz so leicht und schwerelos wie frisch gefallener Schnee, ist ganz Noblesse und Anmut. Ich begegnete ihm erstmals in einem kleinen Laden in San Francisco, kaufte eine Ecke, ging hinaus, konnte nicht widerstehen, wollte eigentlich nur ein Stückchen davon kosten, aß alles auf, ging wieder hinein und kaufte sofort ein zweites, größeres Stück. Leider, oder glücklicherweise, hat mich Mary Keehn immer erfolgreich davon abgehalten, sie in McKinleyville zu besuchen – Kalifornien ist wesentlich größer, als man allgemein annimmt, von San Francisco ins Humboldt County sind es knappe sechs Stunden mit dem Auto. Vor kurzem traf ich die inzwischen 70-Jährige aber endlich in San Francisco, und sie erzählte mir ihre Geschichte.

Frisch verheiratet war sie 1971 mit ihrem Mann hinaus in die Wälder von Humboldt County gezogen, aufs eigene Land, ohne Strom oder heißes Wasser, das Blockhaus selbst gebaut, das Holz dafür selbst geschlagen. Bald kamen Kinder, und die notorischen zwei Ziegen für die Milchversorgung mitsamt Zuchtbemühungen.

Als die Töchterschar auf vier angewachsen war, stand sie plötzlich als Alleinerziehende da. Sie zog aus dem Wald nach McKinleyville und schlug sich durch. Sie sagt, diese Zeit sei wirklich hart gewesen: »Wir waren extrem arm, ich habe alles selbst gemacht, und ohne den großen Gemüsegarten wären wir gar nicht durchgekommen.« Die Ziegen hatte sie mitgebracht, und sie versuchte sich am Käsen. Zuerst sei das Ergebnis eine »käseartige Masse« gewesen, erzählt sie fröhlich, doch allmählich sei es besser gegangen, sie nannte ihren frischen Käse selbstbewusst *fromage blanc* und versuchte sich an Hartkäse und Blauschimmel. Ihre Ausrüstung war primitiv und improvisiert, und auch sie bestätigt: »Es gab damals quasi keinen Markt für Ziegenkäse, wenn ich meinen Käse irgendwo anbot, sah ich schon an der Körpersprache, diesem Sichweglehnen, wie misstrauisch die Leute waren.« Doch das änderte sich allmählich, und 1982 war klar, dass sie die Käserei auf professionelle Füße stellen konnte und musste. Sie übernahm eine kleine ehemalige Eierverpackungshalle und baute sie schrittweise um, pragmatisch und hartnäckig, so gut es eben ging: »Banken vergaben keine Kredite an Frauen, und schon gar nicht an eine Alleinerziehende mit vier Töchtern. Ich kann immer noch nicht so ganz glauben, wie ich das geschafft habe – immer wieder mit Preisen ausgezeichnete Champions unter meinen Ziegen und prämierte Käse. Ich habe sehr viel Glück gehabt.«

1985 besuchte sie mit einer Freundin die Fancy Food Show, jährliche Drehscheibe der gehobenen Lebensmittelindustrie in San Francisco, und fand spontan einen Großhändler für ihre Käse, so dass sie fortan dem Greyhound-Bus in McKinleyville regelmäßig Käsekartons mitgab. »Wir wickelten alles doppelt ein, aber der Käse nässte trotzdem, und es dauerte lange, bis wir das mit der Verpackung richtig hinbekamen. Das war auch Pionierarbeit.« Bald kaufte auch sie Milch von anderen Züchtern dazu, weil die ihrer eigenen, mittlerweise fünfzig Tiere nicht mehr ausreichte. Humboldt Fog, sagt sie, sei ihr 1992 im Traum erschienen: Ein befreundeter französischer Importeur hatte sie nach Frankreich mitgenommen, wo sie zum ersten Mal die große Käsewelt erlebte. Auf dem Rückflug schlief sie ein und träumte vom Humboldt Fog. »Leider war aber keine Anleitung dabei, und es hat bis Ende 1993 gedauert, bis dieser Traumkäse tatsächlich fertig vor mir lag. 1997 wurde er dann in der *New York Times* erwähnt, und das half natürlich sehr.« Lachend erinnert sie sich an den Anruf eines Einkäufers der Wholefoods-Kette von Edel-Supermärkten, der sich beklagte, dass ihre Preise für hochwertige Käse einfach zu niedrig seien: »Das war mal ein Problem, das sich einfach und schnell lösen ließ!« Und dann Emmi? »Wir brauchten eine neue Käserei, die alte hatte ich immer wieder erweitert, aber das ging einfach nicht mehr, und eine Zehn-Millionen-Dollar-Investition – das wollte ich nicht in meinem Alter. Ich musste an meine Versorgung und die meiner Mitarbeiter denken.«

Sie wurde immer lebhafter während unseres Gesprächs, und ich merkte ihr an, wie nah ihr das alles ging: »Ziegen sind kostenaufwendig, die Gewinnmargen beim handwerklichen Käse gering. Wir müssen an den grundlegenden Problemen unserer Branche arbeiten. Was machen wir mit dem männlichen Ziegen-Nachwuchs, für den es in den seltensten Fällen einen rentablen Absatzmarkt gibt (und für den ein Milchbauer keine Verwendung hat)? Was mit der Molke? Mit dem Mist? Das sind alles Belastungen, die in Aktivposten umgewandelt werden müssen, damit handwerkliche Käsereien weiter bestehen können. Man muss realistisch sein: Zu einem Hof mit Tieren gehört auch eine Menge Dreck und Mist. Diese verklärenden Bilder vom romantischen Leben auf der Alp, die sind alles andere als hilfreich. Hätte ich nicht so viel Glück gehabt, wäre es mir vielleicht auch so gegangen wie Sally Jackson, die sich immer am Existenzminimum bewegte. Bei Emmi haben sie einfach die richtige Einstellung, denn Cypress Grove besteht aus

75 Mitarbeitern, ich trage für sie und ihre Familien eine große Verantwortung. Amerikanische Kapitalanleger sind nur auf schnelle Rendite aus … Für mich ist der Verkauf an Emmi, als hätte ich ein Kind aufs richtige College geschickt und ihm damit die bestmöglichen Bedingungen fürs Leben mitgegeben, und das zählt.« Mary Keehn und ihr Team sind weiterhin aktiv bei Cypress Grove, und als ich am nächsten Tag an ihrem Stand auf der Fancy Food Show den Humboldt Fog verkoste, schmilzt der ebenso großartig und verträumt auf der Zunge wie damals in dem kleinen Käseladen in San Francisco.

War die weite Reise von Berlin nach San Francisco für nur eine Woche nicht etwas übertrieben, hatte ich mich gefragt, doch Serendipity, die glückliche Fügung, die Mary Keehn so hold war, stand auch mir zur Seite. Da waren nicht nur all die großen und kleinen Käsereien an den Ständen der Fancy Food Show selbst, sondern auch der wunderbar verrückte Abend des Cheesemonger Invitational. Dieser zweimal jährlich veranstaltete, von einem New Yorker Importunternehmen ins Leben gerufene Wettbewerb ist zugleich Get Together und Party und hat dafür gesorgt, dass *»cheesemonger«* deutlich begeisterter, cooler und nach tätowierten Hipster-Armen klingt als die trockene deutsche Übersetzung, Käseverkäufer. Die Kandidaten müssen theoretische Fragen rund um den Käse beantworten und viele praktische Aufgaben lösen. Da werden passende Cocktails zum entsprechenden Käse gemixt, *»perfect bites«* kreiert, kleine Käsehäppchen, und schließlich muss aufs Gramm genau vom Laib geschnitten und gegen die Stoppuhr fachgerecht verpackt werden – ich wünschte, wir hätten eine derart vergnügliche und doch fachlich anspruchsvolle Veranstaltung auch hier in Europa.

Diese Tage sind außerdem perfekt für viele »zufällige« Begegnungen, weil sich die Szene auf unzähligen Satellitenveranstaltungen trifft. Am meisten freute es mich, Soyoung Scanlan unverhofft wiederzubegegnen. Sie war nie ein Hippie, und auch keine Aussteigerin, aber eine Quereinsteigerin. Als wir uns vor fünfzehn Jahren kennenlernten, hatte die damals 35-jährige gebürtige Koreanerin gerade Laura Chenels erste Käserei übernommen, den blauen Holzbungalow in Santa Rosa, und dort aus dem Nichts in knapp zwei Jahren eine Ein-Frau-Käserei namens Andante Dairy aufgebaut. Als studierte Mikrobiologin hatte sie die Arbeit im Labor gelangweilt, sie war »auf den Käse gekommen« und hatte einen zweiten Studiengang in Milchwissenschaft angehängt – ihre Diplomarbeit zum Thema fettarmer Käse bezeichnet sie humorvoll als »nicht gerade mein geschmackvollster Moment«. In der Zwischenzeit ist sie mit Andante mehrmals umgezogen und aktuell Untermieterin auf der Volpi Farm in Petaluma. Nach wie vor kauft sie frisch gemolkene Ziegen- und Kuhmilch in Spitzenqualität und verarbeitet sie zu Frisch- und Weichkäse, die äußerlich an französische Klassiker wie Saint-Marcellin, Chaource, Pierre Robert oder Banon erinnern. »Ich fahre bei jeder Gelegenheit nach Frankreich«, sagt die zierliche, feinsinnige Frau, die begeistert und hochtalentiert Klavier spielt, »doch mit den besten Käsesorten Europas kann ich nicht konkurrieren, das wären nur traurige Imitationen. Wir Amerikaner haben wenig Tradition, deshalb müssen wir am Ursprung beginnen, mit dem Boden, und uns unter Bezugnahme auf die europäischen Traditionen unser eigenes ›Terroir‹ schaffen.«

Dass es ihr gelingt, diese Überlegungen auch umzusetzen, zeigt zum Beispiel der kleine runde A Capella aus Ziegenmilch, der mit seiner feinen, beinahe seidigen Struktur ganz leise einsetzt, um sich dann in dichtem Crescendo zu steigern – seine diskrete Ausdruckskraft begleitet mich bei jeder unserer seltenen Begegnungen noch tagelang. »Gelungener Käse ist nicht laut, er spricht ganz für sich selbst«, sagt Soyoung Scanlan. Auch ihr Duet (alle Andante-Käse tragen Namen aus der Welt der Musik) ist wie ein Gedicht, an das man noch lange denkt. »Ich wollte den Duft meines Gartens im Sommer einfangen, wenn die Luft wie Koffein ist, und habe deshalb einen Teil der Milch mit frischem Thymian aromatisiert«, erklärt sie mir, während sie Kostproben auf kleinen Papierstreifen ausgibt: »Wie bei einem guten Duett kann man nicht erkennen, wer welche Stimme spielt.« Figaro entsteht aus einem Gemisch aus Kuh- und Ziegenmilch und reift in einem Feigenblatt. Das erinnert an den provenzalischen Banon und schmeckt doch ganz anders, viel lieblicher. Sie pflückt die Feigenblätter in der frühen Morgensonne, von einem ganz bestimmten, sehr alten Baum, blanchiert sie dann und legt sie in Weißwein ein – der Käse duftet nach Sandelholz, hat dazu eine fruchtig-schokoladige Note und endet doch herzhaft mit einem Umami-Ton.

Ich könnte jetzt noch lange über all ihre Käse schreiben, wie sie etwa im Piccolo (benannt nach der hellfarbenen kleinen Flöte) Kuhmilch zu Leichtigkeit und Luftigkeit verwandelt, die sie der Frische des Frühlings in New England nachempfunden hat, und ich könnte mich ebenso lange mit Soyoung Scanlan selbst unterhalten. Sie war immer zurückhaltend, manchmal versonnen, doch mit den Jahren scheint sie auf nahezu ätherische Art nicht nur in sich selbst zu ruhen, sondern geradezu zu schweben, so wie ihre Käse sich auf der Zunge auflösen, ganz Klang sind. Noch immer sagt sie jedoch Sätze wie: »Die Menschen sind viel zu bemüht, alles zu kontrollieren«, oder: »Wenn man sich verliebt, dann ist da die Leidenschaft. Diese jedoch in Liebe zu verwandeln, damit zu leben – das ist viel Arbeit.«

Lange Arbeitstage, das höre ich immer wieder von Käsern, nicht nur in den USA. »Man muss das Leben der Käse leben«, sagt Soyoung Scanlan. Wie in Deutschland hat auch in den USA die Käsebranche nie eine stabile handwerkliche Basis nach französischem Vorbild entwickelt, sondern wurde sehr schnell und weitreichend industrialisiert. Das bedeutete Effizienz, große Betriebe und Zentralisierung. Große Blöcke statt duftender kleiner, handgefertigter

Teile. Doch die Stimme der Landschaft verschafft sich Gehör, nach langer Zeit der »Unterdrückung« durch nahezu phobisches Sicherheitsdenken und industrielle Technologie à la Kraft.

Sue Conley und Peggy Smith, die beiden Hippies und Aussteiger, machen keinen Ziegenkäse, sie sind die Cowgirls. Von der Ostküste stammend (und mittlerweile beide Mitte 60), lernten sie sich auf dem College in Tennessee kennen und zogen zusammen nach Westen. Peggy Smith arbeitete viele Jahre in der Küche des Chez Panisse, Sue Conley im Ocean View Diner, ebenfalls in Berkeley. Dann hatten sie Mitte der 1990er genug vom Kochen, und sie verliebten sich ins Marin County. Dieser Küstenstrich unmittelbar nördlich von San Francisco reicht von den weit ins Meer ragenden, wilden Landzungen bei Point Reyes und der Bucht von Tomales bis zu den Eichen- und Redwood-Wäldern auf den Hängen rund um Mount Tamalpais. Landeinwärts gehören dazu außer den Naturschutzgebieten auch viele familiengeführte Höfe. Ganz im Geist von Alice Waters' Chez Panisse und all den anderen, die neu aufs Land gezogen waren, beschlossen die beiden, die lokalen Farmer und Produzenten zu unterstützen. Sie etablierten sich in Point Reyes in einer alten Scheune und setzten sich tatkräftig für die Vermarktung der landwirtschaftlichen Produkte aus Marin County und den Erhalt der Höfe ein. Dabei wurde bald klar, dass zwar hervorragende Milch zu haben war, aber kaum guter Käse; es gab zu diesem Zeitpunkt eine einzige Käserei im County, Marin French.

1997 war die Geburtsstunde der Cowgirl Creamery. In einer mit Glasscheiben abgetrennten Ecke der Scheune verarbeitete Sue Conley die Bio-Milch der Straus Family, einer deutsch-holländischen Einwandererfamilie, deren Kühe nur wenige Kilometer weiter nördlich grasen, zu Fromage Blanc, Crème fraîche und vor allem großartig sahnigem Cottage Cheese. Dieser Hüttenkäse eröffnete mir bei meinem ersten Besuch 2002 eine neue Welt; er hatte nicht das Geringste mit den Gummikörnern in wässriger Flüssigkeit zu tun, die gewöhnlich unter dieser Bezeichnung angeboten werden.

Richtig bekannt wurden die Cowgirls jedoch mit ihrem ersten Weichkäse, den Sue Conley einige Jahre später zusammen mit einem holländischen Praktikanten entwickelte: ein halbes Pfund klein, aus mit Sahne angereicherter Milch reift er als Triple Cream mit einer Weißschimmelrinde und ist nach Mount Tamalpais benannt, dessen Namen die Einheimischen zu Mount Tam abkürzen. Dieser Berg, knapp 750 Meter hoch und vor der Golden Gate Bridge gelegen, ist ebenso legendenumwoben wie Mount Shasta ganz im Norden Kaliforniens und besonders auch für die eng mit der kulinarischen Geschichte der Hippies verbundene zen-buddhistische Community von großer Bedeutung. Der Mount Tam der Cowgirls ist daher in vielerlei Hinsicht ein überaus lokaler, aber auch ohne all diese Assoziationen hervorragender Käse.

Kurze Zeit später entstand durch einen Zufall, wie bei so vielen Käseklassikern, der nächste, ebenso erfolgreiche Käse. Eine Partie vom Mount Tam wollte einfach keinen Weißschimmel bilden, und Sue Conley »vergaß« diese Käse in einer der Plastikboxen, die sie zum Reifen verwenden. Als sie sich ihrer wieder erinnerte, war statt der weißen, nach frischen Champignons duftenden Rinde eine wesentlich intensiver riechende gelbe gewachsen: Rotschmierkulturen hatten sich niedergelassen und fühlten sich offensichtlich wohl. Sie probierte, war überzeugt und machte fortan neben Mount Tam auch Red Hawk, der die sahnige Üppigkeit der grünsaftigen Weiden mit der wilderen Seite von Marin verbindet. Bis heute, nachdem die Hauptkäserei längst in eine moderne, größere Anlage nach Petaluma gezogen ist, entsteht der Red Hawk weiter in der ursprünglichen Käserei in Point Reyes, mit den dort heimischen wilden Kulturen. Darüber hinaus gibt es inzwischen saisonale Mount-Tam-Varianten, mit Brennnesseln im Frühling, Wildblumen im Sommer, Shiitakepilzen im Herbst und Muskatellerwein und Chili im Winter. Auf Wunsch von Judy Rodgers vom Zuni Café in San Francisco, auch sie eine Pionierin der neuen kalifornischen Küche, produzieren die Cowgirls einen Hartkäse namens Wagon Wheel, und zu meiner Begeisterung auch den kleinen, unglaublich kremigen Inverness (eine Art *chèvre* aus Kuhmilch).

Käsemeisterin der Cowgirls ist seit langem Maureen Cunnie. Die gebürtige New Yorkerin arbeitete als Köchin in San Francisco und lernte das Käsen von Sue Conley. 2002 war sie noch besorgt: »Käse ist ziemlich angesagt im Moment«, sagte sie, »hoffentlich wird er nicht zur Modeerscheinung!« Ihre Sorge war unbegründet, und daran haben die Cowgirls entscheidenden Anteil. 1998 eröffneten sie einen kleinen Laden in San Francisco, Artisan Cheese (wo ich dem Humboldt Fog erstmals begegnete), drei Jahre später bot man ihnen eine Fläche im neu gestalteten Ferry Building an. Sie schlugen ein – »wenn unser Vermieter gewusst hätte, wie wackelig es um unsere Finanzen stand, wäre das nie zustande gekommen«, erzählten sie mir lachend –, der Rest ist Geschichte. Trotz anfänglicher finanzieller Schwierigkeiten betrachteten dic Cowgirls andere Erzeuger nie als Konkurrenten und ermutigten Neueinsteiger. Ihnen war von Anfang an bewusst, dass es allen in der langen Kette der Lebensmittelbranche gut gehen muss, vom Farmer bis zum Konsumenten. Immer wieder betonen sie die Bedeutung des Marin Agricultural Land Trust, einer Stiftung für die Erhaltung von Landwirtschaft und Höfen. Es ist die erste dieser Art in den USA und vorbildhaft für eine erfolgreiche Kooperation zwischen Landwirtschaft und Umweltschutz.

Sue Conley und Peggy Smith, die Cowgirls, gehören zu der neuen Generation von Frauen, die Käsegeschichte schreiben. Auch wenn sie nicht alle so großgewachsen sind wie die beiden (die in Jeans, Stiefeln und karierten Hemden auch in die Kulisse eines John -Wayne-Films passen würden), sondern eher zierlich wie Laura Chenel, handelt es sich bei allen Käsemacherinnen um starke, entschlossene Frauen. Die Welle der Entrüstung, die auch Sue Conley und Peggy Smith entgegenschlug, als sie 2016 ihre Cowgirl Creamery mit sämtlichen Läden sowie ihre Vertriebsfirma Tomales Bay Foods ebenfalls an Emmi verkauften, zeigt, wie sehr sie längst zur Institution geworden sind. Ihr Werdegang bildet den großen Bogen von den Träumen, Idealen und Protesten der Hippie-Bewegung von vor fünfzig Jahren bis heute – wenn sie diesen Schritt für den richtigen halten, dann sollte das genügen. Bei meinem Ausflug nach Point Reyes zur alten Scheune im letzten Sommer kaufte ich mir im Laden der Creamery eine der Picknick-Käse-Boxen und eine kleine Flasche kalten Weißwein, fuhr durch die wildromantischen, sommerduftenden Marin Hills den Highway 1 Richtung Süden und machte am Stinson Beach halt, um dort am Strand, mit dem Blick auf den Pazifik in der Sonne, mit allen Sinnen in diese Landschaft einzutauchen – *back to the land*. Bei meinem letzten Besuch in San Francisco fand ich es mehr als passend, dass das Cheesemonger Invitational zur gleichen Zeit wie der *Women's March* stattfand. Käse ist Frauensache.

Das Terroir des Capriolenhofs in Brandenburg

Sabine Denell und Hanspeter Dill, Capriolenhof *Bredereiche/Brandenburg*

Terroir – beim Wein reden alle ständig davon, beim Käse ist die Idee der schmeckbaren Herkunft, des Zusammenspiels zwischen Landschaft, Tieren (statt Reben) und Menschen mindestens ebenso spannend. Sabine Denell und Hanspeter Dill setzen sie mit ihren Ziegen auf dem Capriolenhof in der brandenburgischen Uckermark nördlich von Berlin um. Das ist beileibe nicht immer einfach und erfordert eine flexible Mischung aus Pragmatismus, Idealismus und Lebensphilosophie. Und es ist ein vielschichtiger Prozess, denn die Kulturlandschaft, die in ihrem Käse zum Ausdruck kommt, die Kleine Schorfheide, wird genau dadurch auch erhalten.

»Neulich war ein Radio-Team da und war total enttäuscht wegen der angeblich nicht vorhandenen O-Töne unserer Ziegen. Die würden ja gar nicht meckern, hieß es!« Sabine Denell ist die Entrüstung immer noch anzumerken, als wir an einem kalten Wintertag inmitten der Herde am Rande der Schorfheide stehen. Verstehe ich. Denn erstens gibt es hier O-Ton genug, weil die langhaarigen Damen an den frisch gefällten Kiefern nagen und beißen, kauen und malmen, dass es eine wahre Freude ist. Und zweitens: Diese Ziegen haben nichts zu meckern! Die sind so vergnügt und beschäftigt, dass ein paar mich zwar beschnuppern, aber gar nicht erst auf die Idee kommen, Mantel, Schal oder Tasche anzuknabbern. Das ist, wie jeder bestätigen wird, der sich mit Ziegen auskennt, eine große Ausnahme. Nein, diese langhaarigen goldbraunweißen Toggenburger sind tatsächlich glückliche Ziegen, mit der Schorfheide als Spielwiese zur Befriedigung der genetisch bedingten Neugier ihrer Spezies, und eine schöner als die andere. Bis auf wenige Ausnahmen tragen sie alle stolz ihre Hörner. Die brauchen sie, um Äste an sich heranzuziehen und um sich gegen Angreifer zu wehren. »Es gibt durchziehende Wölfe in der Gegend«, berichtet Sabine Denell, »aber im Gegensatz zu unseren Nachbarn, die Schafe halten, haben wir noch nie Verluste zu beklagen gehabt.«

Sabine Denell ist für die Käserei zuständig, Hanspeter Dill für die Herde, doch für beide kommen die Tiere immer an erster Stelle. Man müsse ihnen schmeicheln, statt sie mit einem Hund zu treiben: »Wir müssen auch Teile abhüten, die die Ziegen nicht so gern fressen«, sagt er, »deshalb ist es wichtig, dass sie sich gut führen lassen, und die Geisteshaltung im Umgang mit den Tieren ist wichtig für die Milchqualität, weil sich die Stimmung in der Herde auf den Hormonhaushalt überträgt.« Im Gegensatz zu amerikanischen Kolleginnen wie Soyoung Scanlan (mehr zu ihr im vorherigen Kapitel), die vom Gesetzgeber gezwungen werden, die Milch für ihre jung vermarkteten Frisch- und Weichkäse zu pasteurisieren, verarbeitet Sabine Denell sie ausschließlich unbehandelt, ohne sie vorher zu erhitzen. »Es gibt hier keine Käse-Tradition«, sagt sie, »das gibt uns Freiheit; immer dieselben Käse finde ich langweilig.«

»Meine Frau macht keine wissenschaftliche Analyse von der Milch und käst erst dann, sondern sie schmeckt und fühlt, reagiert darauf und macht den Käse, der der Milch des Tages entspricht.« Käse als Fortsetzung von Landschaft und Tieren: Mit Hanspeter Dill war ich bereits bei meinem ersten Besuch sofort tief in einer spannenden Diskussion zum Thema Terroir, Kunst und Käse. »Das ist wie bei einem Künstler, der die Form des Materials sucht« – und schon waren wir bei Joseph Beuys. Hanspeter Dill hat Philosophie studiert, und die Website des Capriolenhof ist auch deshalb lesenswert, weil er vor provokanten Aussagen nicht zurückschreckt: »Daher stehen wir zuallererst im Dienst der so genannten ›Natur‹«, schreibt er, »ein Wort, dessen unheilvolle Wirkung ich hier nicht abhandeln will. Aber hier gilt sie nicht als ›das Andere‹, deren Aneignung ihr Wesen zerstört, sondern als die Vielzahl der Verschiedenen, die sich gegenseitig genießen (ja, auch aufessen) und daran wachsen. Und das Wachstum ergibt wiederum den Überschuss, der den Genuss erst ermöglicht. Üppigkeit in Ewigkeit.«

Das weit gefächerte Sortiment an Käse spiegelt diese Üppigkeit wider, vom saftigen runden weißen Regowtaler über die trockenen Havelspatzen und Hirtenknöppe bis hin zum kremig-intensiven Zehdenicker Handstrich und dem supersahnigen geaschten Rainerle, um nur ein paar zu nennen. Alle reifen unter Bildung von Hefe- und Schimmelkulturen, die so freundlich sind wie die Ziegen, aber auch so ausdrucksvoll wie die dünn besiedelte Landschaft. Mein persönlicher Favorit ist seit langem der Käse namens Blühende Landschaften, ein flacher Frischkäseriegel, der eine streichelweiche, helle Rinde bildet und darunter langsam zu immer größerer Geschmacksintensität heranreift. Kremig, gelegentlich beinahe flüssig, immer ausdrucksvoll, aber nie streng oder scharf. Mit sparsam aufgestreutem Lavendel schmilzt er auf der Zunge und demonstriert eindrucksvoll, dass sich Landschaft nicht nur beim Wein in Geschmack übersetzen lässt, Ziegenkäse beileibe nicht bockig-streng auf der Zunge bröckeln muss – und die viel zitierten blühenden Landschaften »im Osten« tatsächlich existieren.

Denn natürlich ist sein Name eine Anspielung auf die Versprechen unseres Exkanzlers kurz nach der Wiedervereinigung. Wer die nur in Form von Einkaufszentren, Reihenhäusern und Freizeitparks à la *Truman Show* sucht, wer über Krise, Rezession und Staatsschulden jammert und den Aufschwung in den Statistiken vermisst – der sollte endlich aufwachen, sich die Vorstellungen vergangener Zeiten aus den Augen reiben und bereit für Neues sein. Die wahren blühenden Landschaften sind nicht im Gewohnten zu suchen, das in ewiger Rückverspiegelung zwanghaft auf scheinbar Wertloses gestülpt wird, und sie existieren längst in mannigfacher Form. Aber sie liegen nicht beim Discounter um die Ecke für 99 Cent, es gibt sie auch nicht in unbegrenzter Menge, und sie wollen aufgespürt werden. Sie entstehen selten als groß angelegter Plan eines Konzerns, ihr Wert wird nicht von Marketingabteilungen und Price Points bestimmt. Vielmehr treten sie in Form von Teltower Rübchen, Räuchermaränen aus dem Stechlin und Bio-Hühnern aus dem Unterspreewald auf, um nur einige Beispiele rund um Berlin zu nennen. Und als Käse, bei dem besonders gut zu begreifen ist, dass Landschaften erst durch Risikobereitschaft, Vision und harte Arbeit zu voller Blüte gelangen.

1992 haben die Niedersächsin, die immer etwas mit Tieren machen wollte, und der Schweizer Theaterwissenschaftler und Philosoph den kleinen, damals von der idyllischen Lage abgesehen nicht gerade bemerkenswerten und leerstehenden Schleusenhof bei Bredereiche entdeckt. Er liegt an einer der vielen Wendungen, die die Havel auf ihrem Weg von der Strelitzer Seenplatte nach Berlin und weiter in Richtung Elbe beschreibt. Ende 1993 sind sie eingezogen und bauen seitdem den Betrieb auf und aus, im wörtlichen wie auch indirekten Sinn, manchmal in sehr kleinen Schritten, aber immer zielstrebig nach vorn gerichtet. 1995 kamen die ersten fünfzehn Ziegen auf den Hof, und es gab den ersten Käse, 1998 begann die Verbindung zur Schorfheide. Heute melken sie 180 Ziegen. Aus der Sicht der beiden Mittfünfziger sind es Dreinutzungstiere: Erstens geht es um die Milch – dafür kommen die Hälfte der Ziegen in den Genuss eines Schäferstündchens mit George, dem britischen Toggenburger Bock, der den Fortbestand des »Milchtyps« in der Herde sicherstellt. Zweitens und ebenso wichtig ist jedoch das Fleisch, großartiges, selbst geschlachtetes und gut abgehangenes Fleisch, für das Burenbock Bummi zuständig ist. Sein Nachwuchs setzt viel schneller Muskeln an. »Fleisch und Käse gehören zusammen«, sagt Hanspeter Dill, der fürs Schlachten zuständig ist, mit provozierend blitzenden Augen, »das Thema Schuld und Essen … die Vorstellung, dass wir uns bei immer größerem Reichtum durch Verdrängung von dieser Schuld befreien könnten, ist weit verbreitet. Diese Problematik müsste viel präsenter sein, um die unsägliche industrielle Landwirtschaft aufzuhalten!« Und drittens, die blühenden Landschaften im wortwörtlichen Sinn, die tatkräftige Pflege des Ursprungs von Milch- und Fleischcharakter, die Erhaltung der umliegenden Calluna-Heidelandschaft. Denn die ist ein Kulturphänomen, das der ständigen Pflege bedarf. Andernfalls wächst in erstaunlich kurzem Zeitraum der nacheiszeitliche Urwald wieder zu, wie das bei großen Teilen der 2000 Hektar großen Schorfheide bereits der Fall ist, auf der bis zur Wende russische Panzer ihre Übungen abhielten. Nur das Kerngebiet der Kleinen Schorfheide steht heute unter Naturschutz, hundert Hektar werden von den Ziegen freigehalten. Die weit verbreitete deutsche Edelziege gäbe zwar mehr Milch, doch die der Toggenburgerinnen ist nicht nur konzentrierter, die Damen sind auch trittsicherer. Das ist wichtig, wenn Hanspeter Dill nahezu täglich vier Stunden mit ihnen hinauszieht. Dann beißen und treten sie vergnügt junge Kiefern, Pappeln, Eichen und Birken klein, schaffen Licht und Raum für Silbergras, Moos, Flechten und die violettrosaweißen, honigduftenden Heideblüten im Spätsommer. Daneben gehören zum Capriolenhof inzwischen gut fünfzig Hektar Niedermoorwiesen entlang der Havel als direkte Nutzfläche für Heu, so dass nur sehr wenig Futter zugekauft werden muss und so weit wie möglich tatsächlich die pure Schorfheide ohne jegliche Fremdfaktoren im Käse zum Ausdruck kommen kann.

Das klingt einfacher, als es in der Praxis ist. Denn Rinden, Äste und Gebüsch liefern weniger Nährstoffe als reines Gras und brauchen länger, um im Ziegenpansen verdaut zu werden. Das bedeutet zwar sehr ausdruckskräftige, aromatische Milch, aber deutlich kleinere Mengen. An vielen Stellen gilt es außerdem, den von schweren Panzern traktierten und der konventionellen Bewirtschaftung verhafteten Boden erst einmal wieder zum Leben zu erwecken. Doch auch da helfen die vierbeinigen Damen tatkräftig mit natürlichem Dünger und Bodenbearbeitung. Im Winter sind die meisten von ihnen schwanger, und es gibt demzufolge wenig Milch. In der Hochsaison im August hingegen drängeln sie sich am Melkstand, dann wird jede Hand gebraucht. Optimalerweise (in der Praxis aber mit finanziellen und organisatorischen Hindernissen verbunden) gehören zwei Mitarbeiter und Auszubildende mit zum Capriolenhof, der erst 2012 zu seinem heutigen Namen fand und vorher als Schleusenhof Regow firmierte. »Capriolen, oft mit ›Bocksprüngen‹ übersetzt«, steht auf der Website, »sind die Sprünge der Ziegen. Im übertragenen Sinne sind es Richtungsänderungen ohne materiellen, generativen oder logischen Grund. Es sind Mutationen des Denkens und Handelns, es sind die Diener der Zukunft.« Stöbert man weiter auf dieser Seite, stößt man auch auf dies: »Adornos These, jeder Bauer würde jede Landschaft auf ihre Nutzbarmachung reduzieren, ist keine bäuerliche, es ist eine industrielle Gesinnung. Der Bauer nutzt den Überschuss der Landschaft und ihrer Bewohner.«

Echtes Terroir ist ein großer gemeinsamer Tanz. Um ihn zu erkennen, muss man genau hinsehen, hinhören, hinschmecken. Je fröhlicher und fleißiger die Ziegen in der Landschaft am Knurpseln und Fressen sind und je weniger sie dabei meckern, desto ausdrucksvoller schmeckt die Milch, die sie geben. Und das wiederum bedeutet: Spitzen-Käse. Jedenfalls, wenn man beziehungsweise frau mit den Tieren so respektvoll umgeht und das weiße Nass so zurückhaltend verarbeitet, wie es hier geschieht. Das Ergebnis kann nicht billig sein, aber es lohnt auf so vielfache Weise …

Ab der Sommersonnenwende bis Ende September sind Besucher unter den Apfelbäumen am Havelufer, im Hofladen, am offenen Ziegenstall täglich willkommen. Doch Achtung, der ehemalige Schleusenhof ist nicht nur ein aktiver landwirtschaftlicher Betrieb, er liegt auch tatsächlich direkt am Wasser. Von Berlin bedeutet das nicht nur eine gute Autostunde nach Bredereiche, sondern dann nochmals sechs lange, holprige (aber sehr schöne) Kilometer wahrhaft über Stock und Stein. Durch Kiefernwald, entlang der mäandernden Havel, jahreszeitenabhängig auch in einer Art märkischer Wüstenrallye durch tiefe Sandstrecken – weise ist, wer mit dem Zug kommt oder das Auto zumindest am Ende des Kopfsteinpflasters von Bredereiche stehen lässt und sich die blühenden Landschaften entlang der Havel erwandert. Auf halber Strecke gibt es einen Rastplatz für eine Stärkung aus dem Rucksack, bei den Ziegen dann Käse, Kaffee, Kaltes ... Der Weg ist auch das Ziel, und alles zusammen Kultur, Terroir, Leben.

Wild und geheimnisvoll wie die Insel: Milleens

Veronica, Norman und Quinlan Steele *Beara, West Cork/Irland*

Ich habe Veronica Steele kennengelernt, als sie schon im Sterben lag, ein halbes Jahr vor ihrem Tod. Es war ein langsames Sterben, und sie beobachtete sich dabei selbst, voller Esprit, ja, Lebenslust. Doch was heißt kennengelernt – auch das geschah indirekt, über Norman, den Mann an ihrer Seite seit beinahe einem halben Jahrhundert, über Quinlan, ihren ältesten Sohn, über Berichte anderer, Filme, ihr Tagebuch – und vor allem: über ihren Käse, den Milleens.

Veronica litt an Multisystematrophie, einer sehr seltenen und unheilbaren neurodegenerativen Krankheit, bei der die Muskeln nach und nach schwinden, der Geist selbst aber weiterhin ganz klar ist. Als umgekehrte Alzheimer Krankheit hat sie es selbst beschrieben, und als eine fantastische Gelegenheit, sich mit Descartes auseinanderzusetzen: »Ich denke, also bin ich.« Man werde sich sehr bewusst, wie unabhängig Seele und Körper voneinander seien, das Bewusstsein des eigenen Ichs werde sogar immer stärker, genauso wie der Genuss jedes einzelnen Moments. Erdbeeren und Sahne hätten nie so köstlich geschmeckt. Die 69-jährige studierte Philosophin hatte ein Leben lang einen ganz besonderen, sehr trockenen Humor, doch am Ende schien er besonders ausgeprägt, und auf vielen Bildern lacht sie. Eine Freundin hatte ihr eine Karte geschickt: *Just be*, steht darauf in großen roten Lettern, einfach sein.

Vor mir liegt ein Buch, das ich für 2.49 englische Pfund antiquarisch erstanden habe: *The Cheeses and Wines of England and France, with notes on Irish Whiskey*, von John Ehle. Auf Seite 83 lese ich: »*The mildness or strength of the cheese is determined by the amount of surface area the cheese exposes to the surface bacteria, B. linens ... Knowing this, you can experiment with the creation of a cheese of your own.*« Ob der Käse mild oder kräftig schmeckt, wird vom Ausmaß der Fläche bestimmt, die er den B. linens-Kulturen (den im ersten Kapitel beschriebenen sogenannten Rotschmierkulturen) bietet ... Mit diesem Wissen kann man an einem eigenen Käse experimentieren.

Genau das tat Veronica im August 1978. Ich stelle sie mir als junge Frau vor, die in Ehles Buch liest, während Norman ihre einhörnige Kuh namens Brisket melkt. Gleich wird sie die euterwarme Milch in den großen, flachen Topf auf dem Herd gießen – und sich an einem Weichkäse versuchen, wie ihn Ehle beschreibt. John Ehle ist eigentlich kein Käse- oder Weinspezialist, sondern ein amerikanischer Schriftsteller, der vor allem für seinen Roman *The Landbreakers* bekannt wurde, die Geschichte der ersten weißen Siedler in seiner Heimat North Carolina. Doch Veronica erwähnt dieses Buch als Leitfaden ihrer ersten Käseversuche (»irgendwie waren wir vollkommen verrannt in die Vorstellung, dass nur die Franzosen Käse machen könnten«) – die letztendlich in dem ausdrucksvollsten Käse der gesamten irischen Insel mündeten, dem ersten handwerklichen Käse der irischen Gegenwart: Milleens.

Heute gibt es viele andere sehr gute, eigenständige Käse in Irland, und die Hofkäserlandschaft dort ist ausgesprochen dynamisch. Doch der Milleens, ein runder, flacher Weichkäse mit feuchter Rinde in mehr oder weniger intensivem Orange und Aromen, die von Tabakblättern über feuchte Erde bis hin zu frischem Stroh reichen, steht nicht nur am Beginn dieser Dynamik, er ist auch wie kaum ein anderer Käse ganz und gar mit seinem Ursprung verbunden – als sei er der Halbinsel Beara im Südwesten von County Cork entsprungen wie die Leprechauns und Elfen der irischen Sagen den Wäldern und Wiesen. In ihm vereinen sich Mensch und Natur so selbstverständlich, wie es eigentlich immer der Fall sein sollte, wenn wir von Handwerk, Herkunft oder Terroir reden.

Die Geschichte des Milleens beginnt trotzdem nicht in West Cork und der wilden Küstenlandschaft auf Beara (das sich im O-Ton wie Bähra mit weichem ä anhört), sondern mitten in Dublin, im altehrwürdigen Trinity College. Dort studierte der junge Engländer Norman Steele Philosophie. Veronica, Irin, ebenfalls Philosophiestudentin, traf er, als er in Cork einen Vortrag über Wittgenstein hielt – sie sei »die Einzige im Publikum gewesen, die weder Nonnentracht noch Hundehalsband trug«, soll er anschließend mit klassischem Inselhumor bemerkt haben. Sie sprach ihn an, ob er vielleicht eine Zigarette mit ihr rauchen wolle? 1968 zogen die beiden in den wilden Westen, wo sich das Meer oft so weit in die grünen Hügel frisst, dass eines kaum vom anderen zu unterscheiden ist, Wasser und weiche, feuchte Golfstromluft allgegenwärtig sind.

Das riesige grün funkelnde Puzzle von ineinandergreifenden Buchten und Halbinseln sieht heute immer noch so aus, doch die Welt war damals eine andere. Veränderung lag auch in der irischen Luft. 24 und 20 Jahre jung, wollten die beiden Philosophen ihre akademischen Erkenntnisse in die Praxis umsetzen; nicht nur frei denken, sondern auch frei arbeiten und leben. Und dazu gehörte: gutes Essen. Anfangs gab es das noch, doch bald beschrieb Veronica den alten Dorfladen in Castletownbere als verlorenes Paradies, wo zwischen Schaufeln und Töpfen Räucherschinken von der Decke hingen und Käse Cheddar bedeutete, der in großen Zylindern in schimmelüberzogenen Leinenbandagen auf dem hölzernen Ladentisch lag. »Er bröckelte beim Schneiden und die Krümel schmolzen wie Bonbons im Mund, während man darauf wartete, an die Reihe zu kommen. Dieses Krümelig-Bröckelige, das vermisste ich am meisten. Den Laden haben sie geschlossen, entkernt, vergrößert und neu eröffnet. Mit Einkaufswagen. Makellosen, sterilen, abgepackten Portionen, die in ihrem Plastik vor sich hinschwitzen. Ordentliche Stapel. Elektronische Waagen. Immer schön weitergehen … kein Tratsch, *Big Brother is watching you*. Angeschrieben wird nicht. Oh Mann!« Als ein älteres französisches Paar nach lokalem Käse fragte und Calvita angeboten bekam, irische Scheibletten aus Schmelzkäse, schämte sie sich für ihre Heimat.

Im Mittelalter haben Mönche in Irland Käse gemacht, und die Archäologie sagt uns, dass bereits im sechsten Jahrtausend vor unserer Zeitrechnung hier Kühe zum Melken gehalten wurden und aus ihrer Milch Quark gemacht wurde. Aber wie in so vielen Teilen Europas hatte die Industrialisierung (und in diesem Fall zusätzlich die komplexe wirtschaftliche und politische Beziehung zu England) Individualität und Vielfalt zugunsten von Effizienz verdrängt. Scheibletten. Heute lässt sich eine Rundreise um die gesamte Insel von Käse zu Käse planen. Auslöser dieser Entwicklung war der Milleens, dessen Name auf den kleinen Hof nahe der Ortschaft Eyeries zurückgeht, den die beiden Philosophen schließlich übernahmen. Sich selbst zu versorgen war ihnen Bedürfnis und Notwendigkeit: »Es gab nichts zu essen, nichts Interessantes.« Sie legten einen großen Gemüsegarten an, hielten Hühner, Enten, Schafe, Schweine – und Brisket, die Kuh.

Doch was tun mit den drei Gallons, den 14 Litern Milch, die Brisket im Sommer täglich lieferte? So viel konnten sie gar nicht trinken, und was war im Winter, wenn Brisket keine Milch gab? So wie sie Fisch und Fleisch einsalzten und Torf stachen und trockneten, um zu heizen und zu kochen, musste auch die Milchversorgung für den Winter sichergestellt werden. Also: Käse. Veronica erinnerte sich an die köstlichen Krümel in Castletownbere und versuchte sich zwei Jahre lang an Cheddar. Das Ergebnis war auf alle Fälle besser als die Scheibletten in den neuen Supermärkten, aber nie so gut wie der Käse in jenem alten Laden. Die Rinde trocknete nicht richtig ab, er reifte nicht, war zu salzig. Am 6. Juni 1978 begann sie ein Käsetagebuch zu führen: »Zwei Käse – einer ein Flop, einer gut, aber Reibekäse.« 12. Juni: »Cheddar, mit Schmalz eingerieben und mit Wachs überzogen, heruntergefallen und das Wachs aufgebrochen!« 25. Juni: »Cheddar ... vom Hund gestohlen!« Mittwoch 14. Port Salut, Dienstag 27. Gorgonzola, 30.: »... zwei kleine Emmentaler gemacht. Wow.«

Norman erzählt mir bei meinem Besuch im Juni 2016, er habe ihr irgendwann vorgeschlagen, doch einmal einen Käse zu machen, »den wir tatsächlich gerne essen würden«, vielleicht etwas Weiches? Sie nahm wieder John Ehles Buch zur Hand und notiert am 11. August: »1 extra großer Milleens«, den sie andernorts als »schrägen Vogel, wild, merkwürdig, wundervoll« beschreibt. Es dauerte lange, bis sich dieser erste, so gelungene Versuch zuverlässig wiederholen ließ, auch hier gab es viele Rückschläge, doch sie war beharrlich und arbeitete systematisch, gab Cheddar, Gorgonzola, Emmentaler und Port Salut auf, um sich dieser »Erscheinung« zu widmen, »diesem Wechselbalg, der sich jedem meiner Versuche in den Weg stellte, die Schweiz und Italien und Frankreich in der Welteroberung zu schlagen«.

Sie arbeitete nun nicht mehr gegen die Natur, sondern mit der Mikroflora von Beara: Die orangefarbene, von weißem und blaugrünem Schimmel übersprenkelte Rinde des Milleens liegt buchstäblich in der feuchten Meeresluft. Am 24. August versuchte sie sich nochmals an einem Blue Wensleydale: »Sollte gut sein.« Doch auch der scheiterte, und in ihren Erinnerungen schreibt sie in kurz angebundener Bescheidenheit, von diesem Tag an habe in ihrem Käsetagebuch nur eins gestanden: MILLEENS.

Serendipity war dem Milleens hold. Annie Goulding, Wirtin des Blue Bull-Restaurants in Sneem auf der anderen Seite der Bucht, legte bereits Ende der 1970er Jahre ungewöhnlich großen Wert auf gute, heimische Zutaten. Jeden Montag durchstöberte sie den Garten der Steeles nach Schätzen wie frischem Spinat, Zucchini, grünen Bohnen und jungen Erbsen – was damals in einem Laden weder für Geld noch gute Worte zu haben war. Veronica machte außerdem Joghurt, Pies und Kuchen für sie. Just an dem Tag, als Norman ihr ein Stück von dem neuen Käse mitgab, kam der erste michelinbesternte Küchenchef Irlands, Declan Ryan vom Arbutus Lodge Hotel in Cork, nach Sneem, um bei Goulding zu essen – und probierte den Milleens. Damit nicht genug, am folgenden Tag tauchte Myrtle Allen in Sneem auf, die auf ihrem Hofgut Ballymaloe an der Südküste heimischer Küche und lokalen Erzeugern den Weg bereitete, ähnlich wie die kalifornische Food-Aktivistin Alice Waters dies im Chez Panisse in Berkeley bei San Francisco tat. Und auch Myrtle Allen probierte vom Milleens und war ebenso begeistert wie seinerzeit Alice Waters vom ersten Ziegenkäse von Laura Chenel.

Die Neuigkeit verbreitete sich rasch. Am 23. September notierte Veronica: »Journalisten aus London!« Jane Grigson, vielbeachtete Kolumnistin des *Observer*, schrieb über den Milleens, und als Norman etwas später nach London fuhr (das erste Mal seit 15 Jahren), bei Neal's Yard Dairy ein Buch über Käse kaufte und erwähnte, es sei für eine irische Käserin bestimmt, wusste der Verkäufer sofort, wen er vor sich hatte. Er führte Norman hinter die Theke und zeigte ihm eine Übersichtskarte der Käse, die Neal's Yard Dairy für bemerkenswert hielt: Milleens war bereits markiert.

Veronica machte eine Zeitlang einen zweiten, festeren Käse namens Beara, doch da die Nachfrage für den Milleens stetig zunahm und der Beara noch launischer war, gab sie ihn schließlich auf und konzentrierte sich ganz auf ihren »Wechselbalg«. Sie zeigte Freundinnen auf benachbarten Höfen, wie sie ihn machte, und mit der Zeit entstanden so Durrus und Gubbeen, beide ebenfalls Weichkäse mit gewaschener Rinde. Auf allen drei dominieren die gleichen Bakterienstämme.

Das war 1977, Veronica war damals 30 Jahre alt. Der irische Dokumentarfilmer David Shaw-Smith hat 1980 einen Dokumentarfilm über sie gemacht. Er zeigt die schlanke Frau im karierten beige-grünen Leinenkleid, die langen Haare unter einem braunen Häkelhut verborgen, beim Käsemachen in der Küche des kleinen Bauernhauses. Auf dem Hof laufen Enten und Hühner durch den Schlamm, während Norman – rotbrauner Vollbart, graues Hemd, Jeans und Gummistiefel – die schwarz- und braungefleckten Kühe (aus Brisket ist inzwischen eine kleine Herde geworden) in den Stall treibt, um sie zu melken. Auf dem Küchenherd stehen zwei große flache Metalltöpfe. Ruhig und souverän erklärt Veronica aus dem Off jeden ihrer Handgriffe. Sie erhitzt die Milch vom Vorabend auf 90 Grad Fahrenheit, 32 Grad Celsius, währenddessen gibt es Frühstück für die ganze Familie am Küchentisch. Dann konzentrieren sich ihre graublauen Augen wieder ganz auf die Milch und das Thermometer. Zusammen mit Norman gießt sie aus der großen Milchkanne die euterwarme Morgenmilch durch ein Sieb dazu, dann die separat erhitzte Sahne, die sich auf der Abendmilch abgesetzt hat, und stellt die beiden großen Töpfe auf den inzwischen freigeräumten Küchentisch. Sie rührt Joghurtkulturen in die Milch – für ein paar Extra-Violinen im Geschmacks-Orchester, sagt sie, die auch Klavier spielt und komponiert – und flüssiges Lab, das, so hören wir, aus der Milch ein höherwertiges Lebensmittel macht, weil es das Eiweiß aufschließt. Eine halbe Stunde später zeigt sie, wie sie mit dem Finger die nun gestockte Milch auf ihre Festigkeit testet, um dann langsam und vorsichtig mit einem langen Messer diese Gallerte in Streifen und Würfel zu schneiden – zu abrupte Bewegungen würden die wertvolle Sahne mit der Molke ablaufen lassen. Die Kamera ist flach gehalten vor dem einfachen Holztisch und der weißen Wand, das Licht strömt durchs Fenster darüber, wir sehen Veronicas gebeugten Rücken – die Bilder erinnern an ein Vermeer-Gemälde, Mädchen mit Milleens. Es heißt, Veronica habe etwas nahezu Schamanistisches umgeben, sie schien in einer anderen Zeit zu leben, ihrer eigenen.

Im Film stellt sie die Töpfe zurück auf den Herd, damit die Milch wieder 32 Grad erreicht. Zum Rühren benutzt sie beide Hände, wieder sehr langsam und bedächtig, und probiert immer wieder, bis der Bruch genau richtig schmeckt. Das sei die Kunst des Käsens. Man könne die Säure auch messen, aber es ginge eigentlich um eine Kombination aus Festigkeit, Aussehen und Geschmack, und es sei viel vergnüglicher so. Sie schüttet den Bruch auf ein Tuch, das sie über einem auf dem Boden stehenden Eimer festgeknotet hat, und lässt die Molke ablaufen. Dann nimmt sie das Tuch an allen vier Zipfeln wie einen Beutel und drückt den Bruch so in eine einfache runde, perforierte Form auf der Spüle. Sie faltet die Tuchenden zusammen und legt eine passende dicke runde Holzscheibe darauf, aber kein Gewicht, das sei wichtig an diesem Punkt, betont sie, alles müsse ganz behutsam geschehen, bis der Käse abgekühlt ist. Erst nach einigen Stunden beschwert sie die Holzscheibe, so dass nochmals Molke abläuft. Während der ersten zehn Stunden, erfahren wir, werden die jungen Käse (zwei Stück aus zwei Töpfen Milch) stündlich gewendet, wobei sie ihnen anstelle des Tuchs maßgerechte Beutel überstülpt, um Falten in der Rinde zu vermeiden. 24 Stunden bleiben sie in den Formen, dann sind sie auf ein Drittel der ursprünglichen Höhe geschrumpft und in sich stabil. Hühner und Schweine freuen sich über die Molke, die Stimmen der Kinder sind im Hintergrund zu hören. Wir sehen, wie Norman aus der niedrigen Stalltür tritt, die Pfeife ausklopft und hinüber in seine kleine Tischlerwerkstatt geht. In demselben kleinen Gebäude mit den unverputzten Natursteinwänden wird später die Käserei untergebracht werden. Er übersetzt seine philosophischen Einsichten dort ebenso bedächtig mit Holz und Hobel in ein Stuhlbein, wie Veronica die Milch in Käse verwandelt.

An dieser Stelle endet der Film abrupt – während für den Käse das Wichtigste beginnt, die Reife. Ein Foto von 1986 zeigt Veronica im Reiferaum, sie steht vor den mit Käse gefüllten Holzregalen. Sie trägt einen dunkelblauen Pullover und eine Gummischürze derselben Farbe, darunter eine weiße Bluse, die Haare sind unter einer eng anliegenden dünnen roten Strickmütze versteckt. Ihr Blick ist direkt und nachdenklich in die Kamera gerichtet. »Wie wir alle wissen«, schreibt sie in ihrem Tagebuch, »kann jeder Dummkopf ›Käse‹ machen. Um ihn reifen zu lassen, muss man ein Genie sein. Man hat es mit einem unschuldigen Klumpen zu tun, der hauptsächlich aus Protein und Fett besteht, was die bevorzugte Nahrung so ziemlich jeder Kreatur ist, die sich auf der Erde herumtreibt.« Und sie schreibt auch, wie hilfsbereit die Entwicklungsträger auf staatlicher Seite waren, so dass die junge handwerkliche Käseszene von Anfang an wissenschaftliche Unterstützung erfuhr und einen Verband namens *Cáis*, Käse, gründen konnte. Sie hatte diese Unterstützung aktiv eingefordert: »Als Irin war ich in dem Bewusstsein aufgewachsen, dass das Land den Bürgern der Republik gehört. Sämtliche Institutionen hatten keinen anderen Zweck, als mir zu Diensten zu sein. Beamte standen mir zur freien Verfügung. Als mein Käse anfing Ärger zu machen, mit schwammiger Gallerte oder einem Grünstich, fuhr ich einfach zum Dairy Products Research Centre, das inmitten einer grünen Wiese zwischen Cork und Dublin steht. Innerhalb kürzester Zeit saß ich dem Chefmikrobiologen gegenüber.« Mit der gleichen Selbstverständlichkeit wurde sie bei den führenden Milchwissenschaftlern der Unversität in Cork vorstellig und erklärte ihnen, die Käser bräuchten Unterstützung. Das Ergebnis: eine Serie zweitägiger Fortbildungskurse.

Schnell standen die Großhändler auf dem Hof der Steeles und hätten am liebsten die gesamte Produktion aufgekauft. Doch die beiden Philosophen blieben ihren Grundsätzen treu: Sie wollten mit kleinen Läden und Restaurants arbeiten, die ihren Käse in seinen unterschiedlichen Tagesformen zu schätzen wüssten. Sie gingen dazu über, neben den anderthalb Kilo schweren Laiben auch »Dotes« (ein irischer Begriff für etwas Nettes, Niedliches) von 200 Gramm zu machen, um zu vermeiden, dass ihr Käse in kleinen Stücken in Plastikfolie verpackt in den Regalen landete. Norman entwarf und fabrizierte Holzschachteln als Verpackung. Anfangs trafen die Bestellungen per Telegramm ein, und die Käse wurden entsprechend den Wünschen und Vorlieben des jeweiligen Kunden mit der Post verschickt, zu Anton Mosimann ins Dorchester in London, zu Neal's Yard Dairy ... Norman erzählt, er habe sich damals immer gewundert, warum so viele Pakete verloren gingen, bis er herausfand, dass ein bestimmtes Postverteileramt bei den Käse-Paketen regelmäßig Bombenalarm auslöste und sie vernichtete – ein indirektes Opfer des irisch-britischen Konflikts.

Bald wurde die Milch knapp, und Norman vergrößerte die Herde. 1986 machten sie zum ersten Mal im Winter Käse – bis dahin hatten sie sich auf den Sommer beschränkt, weil die Kühe im Winter wenig Milch gaben und diese aufgrund des anderen Futters eine andere Qualität hatte, die in ihr enthaltenen Bakterien weniger aktiv waren. Sie begannen auch, von Nachbarn Milch zuzukaufen, um die umliegenden Höfe an ihrem Erfolg teilhaben zu lassen. Trotzdem galt es, immer wieder neue Hürden zu überwinden. Zuvor harmlose Bakterien galten nun als Risiko, die Vorschriften wurden strenger. Veronica verlegte das Käsen in das kleine Steinhäuschen, stellte von Holz auf Edelstahl um – der Käse, ebenso beharrlich wie sie, blieb Milleens. Nach einem Tuberkulosevorfall in einer Kuhherde wurden 1996 neue Regeln zur Verarbeitung von unbehandelter roher Milch eingeführt. Veronica und Norman entschieden sehr pragmatisch und pasteurisierten ihre Milch. »Es brach mir das Herz, aber ich kam darüber hinweg, und das Leben ging weiter. Der Käse schien sich nichts daraus zu machen. Terroir? Für die Verkaufszahlen war es ein schwerer Schlag, weil wir von unserem Sockel fielen, aus unserer Rohmilch-Nische vertrieben wurden. Praktisch gesehen, geschah die Umstellung jedoch über Nacht. Wir erhitzten den Tank mit der kalten Milch einfach auf 63 statt 30 °C, hielten die Milch da für 30 Minuten und ließen sie dann auf 30 °C abkühlen und gaben Starterkulturen und Lab dazu. So arbeiten wir immer noch. Der Tag wurde länger.« Die Verkaufszahlen erholten sich rasch, das Leben ging weiter, auch als Norman während der BSE-Krise entschied, keine eigenen Kühe mehr zu halten.

Um den Milleens herum bildete sich eine ganze Branche, zu der auch die Käseläden von Kevin und Seamus Sheridan gehören, die seit den 1990er Jahren nach dem Vorbild von Neal's Yard Dairy in Irland ein Distributionsnetzwerk für handwerklichen Käse aufgebaut haben. »Ein Traum ist wahr geworden«, schreibt Veronica bereits 1986, und wenn wir das alles geplant hätten, Testverkäufe durchgeführt und all das Übliche, wäre es nie dazu gekommen. Wie oft mussten wir uns anhören: Der wird sich nie verkaufen.«

Im Juli 2003 übergab Veronica die Verantwortung für die Käserei an ihren Sohn Quinlan, der zuvor internationalen Journalismus studiert und in der Computer- und Radiobranche tätig gewesen war. Er verarbeitet seitdem fünfmal wöchentlich 250 Gallons, gut 1100 Liter Milch zu Milleens. Nach wie vor ist jeder Laib ein wenig anders, der eine kremiger, der andere fester, dieser lauter in den Aromen, jener verhaltener, doch jeder ist unverkennbar Milleens, verbindet die herbe Frische des Meeres mit dem üppigen, würzigen Grün der vom Golfstrom verwöhnten Landschaft. Quinlan liegt sehr daran, die sechs überlebenden Milchbauern auf Beara zu unterstützen, auch möchte er wieder eine eigene Herde aufbauen – »früher hat hier jeder um die zehn Kühe gehabt«, sagt er. Bei meinem Besuch zeigt er mir einen neuen Käse, den er seit 2015 macht. Der Céad ist fester als der Milleens, innen quarkiger und außen trockener. Er ist leicht geräuchert und erinnert daran, wie sehr auch Rauch zu dieser Landschaft gehört: Torffeuer, Räucherfisch – ich habe noch nie einen überzeugenderen geräucherten Käse erlebt. »Wir können die Welt nicht in Ordnung bringen, aber wir können hier auf dem Hof das Richtige machen – das ausbauen, was wir haben und die Community auf Beara erhalten. Meine Eltern haben mir alles beigebracht, was sie wussten; man muss viel ausprobieren und dabei immer auf den Käse hören.«

Veronica und Norman waren nach Eyeries gezogen, in direkte Nähe des Krankenhauses. Sie plante eine Reise nach Japan, wollte Käsereien dort besuchen, die Kirschblüte erleben. In einem Interview im Sommer 2014 bemerkte sie – lachend – zu den Symptomen ihrer Krankheit: »Ich werde aufhören zu lächeln.« Ihre Cáis-Kollegen ehrten sie 2015 mit dem ersten Lifetime Achievement Award der Verbandsgeschichte. Am 4. Januar 2017 ging das Leben für sie nicht mehr weiter.

Pragmatismus und Risiko: Deuschlands Norden

Familie Koll, Ostenfelder Meierei und Inselkäserei Pellworm

Schleswig-Holstein

Familie Metzger-Petersen, Hof Backensholz

Oster-Ohrstedt/Schleswig-Holstein

Meine Großmutter lebte, als ich Kind war, in einem Städtchen in der Lüneburger Heide. Damals war *local shopping* kein Trend, sondern Alltag: Eine Einkaufsrunde führte vom Bäcker (Butterkuchen) über den Schlachter (am Montag geschlossen, da Schlachttag, am Dienstag Blut-und Leberwurst) und Kaufmann (persönlich bekannt, erste Ansätze von Selbstbedienung) zum stets ein wenig dunklen, kühlen, duftenden Milchladen der Molkereigenossenschaft. Dort floss der frische flüssige Stoff aus der Pumpe direkt in die eigene Kanne, wurde Quark in einen mitgebrachten Becher gewogen, während Butter bereits in Stücke abgepackt war und Käse nach Bedarf geschnitten und in große Papierbögen gewickelt wurde. Das Käse-Angebot bestand in meiner Erinnerung vor allem aus zwei Sorten: jung und alt. Dass beides Tilsiter war, verstand sich von selbst. Jung war er mild, milchig, frühstücks- und stullengeeignet, während der alte selbstbewusste Aromen verbreitete, die Rinde schmierig unter der dünnen Folie, und nach Aufmerksamkeit beim Abendbrot verlangte, vielleicht auch nach Bier.

Tilsiter, dieser halbfeste Schnittkäse in Quaderform, dessen Geschichte sich rund um die Ostsee von Russland bis nach Südschweden und hinüber an die Nordsee zieht, war quasi Synonym für Käse in meiner damals sehr übersichtlichen Welt. Heute sind die Milchläden verschwunden, meine Großmutter lebt längst nicht mehr, und Tilsiter ist für mich gleichbedeutend mit Familie Koll und ihrer Ostenfelder Meierei. Ostenfeld liegt bei Husum in Schleswig, kurz vor der dänischen Grenze – ziemlich weit ab, sagt Hauke Koll, Anfang 50, schlank, kurze Haar- und Bartstoppeln, arbeitsgewohnte Hände, weiße Latzhose und Gummistiefel. Mit mir spricht er nördlich eingefärbtes Hochdeutsch, ansonsten Platt. Tilsiter ist für ihn eine Selbstverständlichkeit, den macht er hier, seit er mit seiner Frau Maike im Herbst 1993 die ein Jahr zuvor stillgelegte Genossenschaftsmolkerei gekauft hat. Das alte Gebäude musste renoviert und neu ausgestattet werden, für viel Spielereien und Kinkerlitzchen am Kessel gab und gibt es weder Zeit noch Kapital. Und aus kollscher Sicht auch keine Notwendigkeit, die Qualität muss passen, der Preis auch, fertig. Ich kenne kaum jemanden, der so pragmatisch ist und so wenig Aufhebens um so guten Käse macht.

Gekäst wird in der hellgrün gefliesten Halle der Molkerei, in einem großen Kessel in Achterform mit zwei Schneidwerken und einer noch größeren rechteckigen Wanne. 76 Quaderformen passen dort nebeneinander, über die ein Schlitten fährt und den Bruch einfüllt. Mehrmaliges Wenden, dann das Salzbad am anderen Ende der Halle und schließlich rutschen die frischen weißen Käse auf einer Rinne in den feuchtkühlen Keller, wo sie mithilfe einer einfachen Maschine mit Bürsten regelmäßig geschmiert werden. In wechselnden Schattierungen von Gelb, Rot und Weiß liegen die Käse auf langen Holzbrettern, unregelmäßig genug, um die Handarbeit erkennen zu lassen, und in ihren langen, duftenden Reihen doch so stabil und solide, wie mir als Kind die Welt bei meiner Großmutter erschien.

Jung bedeutet im kleinen Laden der Ostenfelder Meierei sechs Wochen, und das Ergebnis schmeckt genauso leise rund-milchig-säuerlich wie damals im Milchladen, die Rinde noch leicht vom Ammoniak geprägt. Vier Wochen älter und mit Kümmel, dem klassischen Tilsitergewürz (»Kümmel geht immer«, sagt Hauke Koll), nähern wir uns der Tilsiter-Perfektion. Hier mischen sich erste, noch sehr verhaltene Reifearomen des Käses mit der intensiven, beinahe anisfruchtigen Süße der länglichen Samen. Die Intensiv-Version davon behandelt Hauke Koll wie Bückware, erst auf meine Frage holt er einen neun Monate alten Block aus dem Lagerraum hinter der Verkaufstheke – hier ist das Gewürz von der Käsereife längst überstimmt, die Rinde beginnt sich kremig zu zersetzen, und ich denke sofort über nichttrockenen Weißwein nach, der dazu passen würde. Ich kann mich nicht erinnern, ob es etwas so Extremes damals im Milchladen gab, der »alte« damals glich eher Hauke Kolls Ole Pellwormer, mit drei Monaten ein erwachsener, komplexer Käse, zuverlässig und ohne Hang zu allzu lauter Randale.

Aber in der kollschen Käsetheke liegen nicht nur lange Quader wie damals im Milchladen, sondern auch runde Käse. Als ich vor zehn Jahren zum ersten Mal hier in Ostenfeld war, hießen sie noch Treenetaler und Deichgraf, feste Schnittkäse, die durch Kulturen, wie sie traditionell eigentlich dem Alpenraum vorbehalten sind, das Lieblich-Fruchtige vom Typus Bergkäse mit der Säure des Nordens verbinden. 2016 haben sie nicht nur ihre Namen gewechselt, sondern auch die Herkunft: Ohne viel Aufsehens haben die bedächtigen, pragmatischen Kolls wieder einen großen Schritt gewagt und die 1905 erbaute Meierei auf der Hallig-Insel Pellworm gekauft, die unmittelbar südlich von Sylt und Föhr liegt. Inselkäse mild (zwei Monate jung) und Inselkäse würzig (sechs Monate gereift) heißen die runden Laibe nun, die aus der Milch der rund tausend, sicher glücklichen Pellwormer Kühe entstehen, die auf den deichgeschützten grünen Halligweiden grasen. Und ja, sie schmecken anders als die Käse aus Ostenfeld, haben mehr Eigencharakter.

Die runden Laibe ließen sich durchaus als neu interpretierte Tilsiter-Tradition verstehen. Denn dieser Käse ist ja beileibe nicht für alle Turophilen dieser Welt ein Quader, und er war es auch nicht immer. Seine – runden! – Ursprünge führen zurück in die 1820er Jahre, in das ostpreußische Städtchen Tilsit, das heute Sowjetsk heißt und in der russischen Enklave Kaliningrad an dem kleinen Flüsschen Tilszele liegt, das hier nahe der litauischen Grenze in die Memel mündet. Dort hielt eine junge Käserin namens Westphal, geborene Klunk aus Szillen in Ostpreußen, um 1840 eine Rezeptur in schriftlicher Form fest, die wohl bereits seit längerem in der Gegend genutzt wurde, und benannte sie nach dem Ort, an dem sie, gerade frisch verheiratet, eine neue Käserei eröffnet hatte: Tilsiter. Ihr »neuer« Käse hatte eine Reihe von Vorfahren, allen voran den Brioler, eine Art Limburger, und den wohl noch älteren Werderkäse, ein sehr weicher Tilsiter (so werden sie jedenfalls beschrieben, ich glaube nicht, dass sie noch erzeugt werden). Die wiederum gingen auf holländische Mennoniten zurück, die es im 16. Jahrhundert auf der Flucht vor religiöser Verfolgung nach Westpreußen verschlug. Die Form der Käse in den vielen kleinen Molkereien und Meiereien Ostpreußens wurde aber sicher auch von den Schweizern beeinflusst. Die kamen als Wirtschaftsflüchtlinge im 18. Jahrhundert (und später auch aus religiösen Gründen) immer zahlreicher nach Ostpreußen und hielten die Milchwirtschaft in einem Landstrich am Laufen, der Anfang des Jahrhunderts von der Pest förmlich leergefegt worden war. Sie dominierten die Branche derart, dass sich für Hirten, Stallknechte, Melker und Senner mit der Zeit herkunftsunabhängig der Begriff Schweizer einbürgerte.

Fotos zeigen, dass der Tilsiter aus Tilsit noch in den 1930er Jahren rund war und ähnlich einem Alpkäse mit Tüchern ausgezogen, gepresst und geschmiert wurde. Er hatte sich langsam nach Westen ausgebreitet: Ende der 1880er Jahre ist er für das mecklenburgische Gut Raden belegt, eine milchwirtschaftliche Lehr- und Untersuchungsanstalt mit internationaler Schülerschaft, nochmals zehn Jahre später hatte er es einerseits bis nach Schleswig-Holstein geschafft, andererseits durch in die alte Heimat zurückgezogene Schweizer aber auch bis zu den Alpen, wo er sich nicht nur in der Schweiz, sondern auch im Allgäu schnell ausbreitete. Wir wissen nicht genau, wann er im Norden und im Allgäu seine runde Form verlor, klar ist aber, dass Schweizer »Tilsit« heute weiterhin rund ist und dem Appenzeller ähnelt, mit elastischem glatten Teig und nur wenigen kleinen runden Löchern, der Bruch nachgewärmt, mit Tüchern ausgezogen und gepresst. Die bis zu fünf Kilo schweren rotbraunen Laibe werden geschmiert und kommen nach drei bis acht Monaten mit trockener Rinde auf den Markt. Wie der Pellwormer Inselkäse. Einerseits Leuchtturm und Windmühle, andererseits Alpenpanorama, und beides schmeckbare Landschaften in Tilsiterform.

Der Norden ist beileibe nicht so statisch, wie einen die Werbung für ein bestimmtes norddeutsches Bier annehmen ließe, sondern seit fünfzehn Jahren kulinarisch mit der New Nordic Cuisine und dem legendären Noma in Kopenhagen wegweisend; es hat eine ähnlich grundlegende Verschiebung der kulinarischen Pole stattgefunden wie im Mittelalter, als Europa nach Kolumbus' Rückkehr aus Amerika, statt über Venedig nach Osten plötzlich über den Atlantik nach Westen blickte.

Bleiben wir bei der Käseperspektive: Als Martina Metzger-Petersen, eingeheiratete Gutsherrin auf Hof Backensholz, das wenige Autominuten nördlich von Ostenfeld liegt, 1991 entschied, in die Käseproduktion einzusteigen, war das nicht nur wirtschaftlich riskant, sondern auch eine Pioniertat. Es gab durchaus Hofkäsereien, aber als sich 1992 der Verband für handwerkliche Milchverarbeitung im ökologischen Landbau gründete, kurz VHM, hatte er bundesweit ganze 60 Mitglieder – heute sind es 600. Und die eigenen kulinarischen Werte hier oben im Norden sind erst mit der Gründung eines anderen Vereins mit dem trefflichen Namen Feinheimisch ins Bewusstsein gerückt, einem sehr erfolgreichen Zusammenschluss von Erzeugern, Verarbeitern und Gastronomen, der 2017 sein zehnjähriges Jubiläum feierte. Ein gewagter Schritt also, aber die zielstrebige, energiegeladene Frau, damals Mitte 30, hatte sich als Nicht-Nordfriesin mit italienischem Blut im Land der Deiche durchgesetzt und nebenbei vier Kinder großgezogen, war also Herausforderungen gewohnt. Natürlich sei es naiv gewesen, besonders auch die Entscheidung für Bio und Rohmilch, sie habe ihr Lehrgeld bezahlt, sagt sie. Trotzdem hat sie langsam und beharrlich ihre anfängliche Nische ausgebaut, vom Hofkäse, an den tilsiter-ähnlichen Esrom angelehnt, zu einer breiten Palette von Weich-, Schnitt- und Hartkäse, frisch und gereift, nicht nur aus der hofeigenen Kuhmilch, sondern auch aus zugekaufter Ziegenmilch, rotgeschmiert, weißschimmelbewachsen, blauschimmeldurchzogen.

Von ihren Kollegen wurde die Entwicklung auf Backensholz kritisch beäugt, zu systematisch, zu geschäftsorientiert, die Käse zu wenig handgemacht, das schien vielen kleinen Betrieben verdächtig nah am industriellen Pseudo-Öko. Doch Öko bestand und besteht für Martina Metzger-Petersen »nicht aus handgestrickten Pullis, sondern der knallharten Analyse des gesamten Betriebs«. Und was mit einem Kessel Milch in der Woche begonnen hat, ist zu einem stabilen Unternehmen herangewachsen. Bereits bei meinem ersten Besuch 2008 kaufte sie ihrem Mann die gesamte Milchproduktion von gut 250 Kühen ab. Die beiden hatten bald entschieden, die Geschäfte zu trennen und dafür umso enger zusammenzuarbeiten. Der Landwirt musste komplett umdenken, jetzt ging es nicht mehr darum, eine maximale Menge an Milch zu liefern, sondern darum, die Milch auf mehr käsetaugliche Inhaltsstoffe zu trimmen. Logischer nächster Schritt war der Bau einer Biogasanlage, um den Hof noch unabhängiger zu machen.

Bei meinem ersten Besuch studierte der älteste Metzger-Petersen-Sprössling, Jasper, noch Agrarwissenschaften in Göttingen, vor fünf Jahren hat er die Aufgaben seines Vaters übernommen. Das sei immer klar gewesen, sagt sein »kleiner« Bruder Thilo, der gerade in den Kindergarten kam, als seine Mutter ihre ersten Käseschritte machte. Der über zwei Meter große Mann verantwortet seit zwei Jahren Käserei und Marketing. Der eine eher ruhig, der andere sehr lebhaft: Die beiden Brüder bilden ein starkes Team und stehen ihren Eltern in nichts nach – die sich beileibe nicht aufs Altenteil zurückgezogen haben. Wie auch auf vielen Weingütern heute findet der früher so weitverbreitete, kräftezehrende Generationskonflikt hier einfach nicht statt. Der neue Reiferaum ist gerade erst fertig geworden, der kleine Roboter, der künftig die Pflege der Hartkäse übernehmen wird, steht schon bereit, und an der Auffahrt zum Hof arbeiten Bagger an den Fundamenten für ein Gastrokonzept mit Hofladen und Schaukeller. »Wir wollen unsere Geschichte erzählen, wollen so nah wie möglich an die Kunden«, sagt Thilo. Das Käsen habe er auf dem Hof gelernt, später in Hannover milchwirtschaftliche Lebensmitteltechnologie studiert, und dann, erzählt er weiter, mit nun richtig strahlenden Augen, wollte er kochen lernen und besuchte daher für drei Monate die Ballymaloe Cookery School in Südirland, eine der renommiertesten Adressen der Food-Welt heute, mit Landsitz und eigenen Gärten. Gründerin Myrtle Allen gehörte Ende der 1970er Jahren zu den wichtigsten Wegbereiterinnen lokaler Erzeuger und verhalf wie erwähnt auch dem Milleens von Veronica Steele zum Durchbruch.

Für Thilo Metzger-Petersen war die Ballymaloe-Zeit äußerst inspirierend. Die Ideen sprudeln nur so aus ihm heraus. »Bei der Biogasanlage müssen wir über Speichertechnologien nachdenken, den Nachtverbrauch und die Entwicklungen bei der Hydrolyse im Auge behalten«, sagt er, »wir verfeuern schon jetzt keinen Tropfen Erdöl für unseren Käse, aber irgendwann gehen wir ganz vom Netz.« Ballymaloe habe ihm vollkommen neue Perspektiven eröffnet. Dass die Studenten dort den Hofladen bestücken, hat ihn auf ähnliche

Ideen für Backensholz gebracht. 330 Kühe melkt sein Bruder gegenwärtig, aber die 9000 Liter Milch täglich reichten einfach nicht aus, um neue Käsesorten zu entwickeln, deshalb hätten sie beschlossen, die Herde im Laufe der nächsten fünf Jahre auf 600 Kühe anwachsen zu lassen. Mehr sei nicht mehr nachhaltig, danach müsse man sich aufs innere Wachstum konzentrieren. Und dann spricht er von luftgetrocknetem Schinken und dem Vergären von Molke und von Hartkäse, die mehrere Jahre reifen – verwirkliche deine Träume, habe es auf Ballymaloe geheißen. Einen Koch für das Gastroprojekt habe er auch schon gefunden, und das Feinheimisch-Netzwerk werde immer größer. Seine Begeisterung ist wahrhaft ansteckend.

Wir machten uns daran, die verschiedenen Weichkäse zu verkosten: den Fabro, den Cremeer und die neueste Kreation, genannt die Blaue Stunde (mit Weißschimmel außen und Blauschimmel innen), den großartigen Friesisch Blue, eine wahrhaft nordische Kombination aus rotgeschmiert und dichtem, kremigen Blau, den Deichkäse in verschiedenen Größen und Altersstufen. Als wir bei der Ollen Zicke, einem Ziegenhartkäse in 8-Kilo-Laiben und beeindruckende sieben Monate gereift, angekommen waren, holte Thilo noch einen kleinen runden, festen Käse aus der Theke. Naturkäse steht auf dem schlichten Etikett, und mir wird schnell klar, dass das eine Anspielung auf die Naturweine ist: so wenig wie möglich manipulieren, das Ausgangsprodukt (Trauben bzw. Milch) möglichst sich selbst überlassen. Für diesen Naturkäse haben sie die Starterkulturen aus der eigenen Milch gezogen. Das Ergebnis ist nach vier Monaten deutlich dichter in der Textur und in den Aromen, wirkt erdiger und heller in der Säure und gleichzeitig noch harmonischer, fein und heimisch, allerbestes Handwerk und Norden pur.

Hörner, Mist und Schmetterlinge: Die Biodynamiker

Katharina Goldammer, Hof Marienhöhe *Bad Saarow/Brandenburg*
Familie van de Voort *Lunteren/Niederlande*

»Das sind Futtermöhren für die Kühe, weil unser Heu von den Niedermoorwiesen wirklich zu mager ist, um die Tiere durch den Winter zu bringen. Im Herbst kommt da immer ein ganzer Trupp von freiwilligen Helfern und pflückt zuerst das Grün …« Möhrenblattwerk – das überfordert meine Stumpf-und-Stiel-Prinzipien beim Gemüse immer wieder. Radieschenblätter ergeben großartigen Salat, Kohlrabi- und Rote-Bete-Blätter feines Gemüse, und die Notwendigkeit des Kartoffelschälens erschließt sich mir schon lange nicht mehr. Aber das fedrige Grün der orangegelben Wurzeln ist hart, hat wenig Aroma und noch weniger Nährwert und lässt in mir allenfalls den Gedanken an einen Komposthaufen aufkommen. Doch hier stand ich auf dem Acker neben Katharina Goldammer, der langjährigen Käserin des Hofs Marienhöhe, und konnte anscheinend einiges lernen, was über den Käse hinausging. Ich setzte schon an, um nach Rezepten und Tipps zu fragen, offenbar wurde das Grün getrennt verarbeitet, und … da hörte ich: »Denn auf dem Grün sitzen die Raupen vom Schwalbenschwanz, und die sind einfach so schön, das ist die Extra-Arbeit wert.« Von wegen Küche, Kochen, Essen – Schmetterlinge! Eine Lektion in ganzheitlichem Denken, ach was, Leben: Es gibt Dimensionen über die reine Funktionalität hinaus, und die Seele will auch ernährt werden.

Das hatte ich nicht erwartet, hatte zu klein gedacht auf diesem

Hof mit seiner Lebensvielfalt, wo alles und jedes seinen Platz, Sinn und Zweck zu haben scheint. So viele reden von regional, nachhaltig und gut: Die Menschen auf Marienhöhe leben es. Rotes Höhenvieh, Hütehunde, Sattelschweine, Gänse, Schmetterlinge – ein Hof, eine Autostunde von Berlin entfernt, in Brandenburg. Einst eine Sandwüste, ist auf den von Wald umgebenen Feldern lange vor dem vollmundigen Kanzler-Versprechen eine wahrhaft blühende Landschaft entstanden: mit viel Arbeit, Hingabe, Liebe und Nähe zur Natur. Der Wind fängt sich in summenden Hecken, Gänse schnattern, die Kühe ziehen durch den Wald auf die Weide. Ihre Milch wird gänzlich unbehandelt gleich neben dem Stall zu Butter, Quark und Käse verarbeitet, die Schweine bekommen die Molke, die Menschen freuen sich über den Schinkenspeck. Marienhöhe ist einer der ältesten biodynamisch bewirtschafteten Höfe der Welt. Kein Paradies, aber vielleicht eine erste Ahnung davon, wie wir Menschen als Teil der Natur leben können.

Den Grundstein dafür hat 1928 Erhard Bartsch gelegt, ein Landwirt, der Rudolf Steiners Vorträge über die Anwendung der anthroposophischen Lehre in der Landwirtschaft unter den möglichst schlechtesten Bedingungen auf den Prüfstein stellen wollte. Auf diesen kargen sandigen Ackerböden und den feuchten Niedermoorwiesen hatte bis dahin niemand etwas zuwege gebracht, doch Bartsch verwandelte den kahlen Hügel mithilfe von kilometerlangen Feldhecken und langen, individuellen Fruchtfolgen in einen Vorzeigebetrieb. Katharina Goldammer sagt trocken: »Die Leute sind immer ganz begeistert von der schönen Natur, dabei ist doch alles Kultur!«

Die leuchtend rotbraunen Vogelsberger Kühe ziehen während der wärmeren Monate täglich durch den Wald auf die Weide und sind als Dünger-Lieferanten ein wichtiger Teil dieser Kultur. Im Winter fressen sie neben den besagten Möhren auch Heu und Waldlaub. Als Schwerarbeiterinnen bezeichnet Goldammer sie, die

Stroh und Heu zu Gold machen (dem Fett in der Milch, das als Butter ja tatsächlich goldgelb ist) und, auch wenn sie schwanger sind, Milch geben. Die Käserin selbst arbeitet wie alle anderen Hofbewohner ebenfalls nicht wenig und verlässt Marienhöhe nur ungern und selten. So viele Aufgaben und Herausforderungen gilt es, zu meistern: die Kühe, die Milch, der Kosmos des Hofs.

Aber Biodynamiker – sind das nicht die Super-Ökos, die den anthroposophischen Ideen des Philosophen Rudolf Steiner anhängen, Kuhhörner mit Mist füllen und vergraben und ihn dann bei Mondschein auf dem Acker verteilen? Kräuterpräparate rechts- und linksherum rühren? Ja und nein. Auch ich habe ziemlich lange gebraucht, um zu verstehen, wie sich Rudolf Steiners landwirtschaftliche Vorträge (die sich ja tatsächlich eher wie ein philosophisches Traktat à la Nietzsche als wie ein technischer Leitfaden lesen) in die Praxis umsetzen lassen. Und warum man dies tun sollte. Eine Reise nach Indien half mir sehr beim Verstehen der Zusammenhänge (wichtiges Wort: Zusammenhang!), weil die alte Lehre des Ayurveda damit so selbstverständlich umgeht. Noch viel wichtiger und überzeugender: Einige Biodynamiker machen großartige Käse.

Unter Anthroposophen und Biodynamikern ist Marienhöhe selbstverständlich bekannt, in der Käse-Community eher weniger. Das ist einerseits überraschend, denn Milch, Butter und Quark sind von besonders geradliniger Qualität, doch andererseits sind die Mengen begrenzt und begehrt, und Marketing daher weder erforderlich noch erwünscht. Die Milch und das, was aus ihr entsteht, ist nicht das oberste Ziel des Marienhöhe-Unternehmens, sondern dient wie alles andere nur dazu, das gesamte Hof-Leben am Laufen zu halten. Dass Qualität dabei hilft, dass Geschmack und Aromen wichtiger sind als Masse, um erfolgreich zu wirtschaften, das ist Biodynamikern seit langem klar. Mein Lieblingskäse (abgesehen von dem wirklich großartigen Quark) ist die Leichte

Marie. Das ist eher ungewöhnlich, denn dieser Käse entsteht aus entrahmter, also magerer Milch, was normalerweise nicht für großartige Geschmackserlebnisse sorgt. Ohne die Leichte Marie gäbe es keine Butter und keine Schlagsahne, und doch ist sie alles andere als »Abfall« oder »Nebenprodukt«, sondern mit feiner, leiser Säuerlichkeit lebendig und leicht – wie ein Schmetterling?

Es war kein einfacher Weg, der die Marienhöhe durch diese neunzig Jahre geführt hat. Nach den so erfolgreichen Anfängen als Hofmeierei forderte der Zweite Weltkrieg mit Zerstörungen und Verlusten wiederholt sein Tribut, so dass Menschen und Tiere immer wieder neu anfangen mussten, so gut es eben ging. Zu DDR-Zeiten wurde die Milch an die Molkerei in Beeskow geliefert und dort zu Pulver verarbeitet – aber immer hielten die Menschen an der biodynamischen Bewirtschaftungsweise fest. Dann die Wende, zugleich Zusammenbruch des Alten und Möglichkeiten im Neuen: Die Molkerei konnte nicht mehr zahlen, die menschlichen Hofbewohner entschieden sich für die Selbstvermarktung. Katharina Goldammer war gerade drei Wochen auf dem Hof, da begann sie auch schon in der Waschküche mit dem Käsen, mit Waschkessel, Badeofen und mit durchlöcherten Plastikeimern als Formen. Der pensionierte Molkereimeister, der sie dabei während der ersten drei Wochen begleitete, stammte aus Nordfriesland, Quark und Butter waren für ihn selbstverständlich, und er riet zu einem Schnittkäse aus entrahmter Milch, mit hofeigenen Kulturen. Auf den Einwand, fetter Käse schmecke doch besser, wies er auf die unterschätzte Bedeutung der Eiweißqualität hin, die auf Marienhöhe großartig sei – heute reden alle in der Käseszene vom Kappa-Casein, und die Leichte Marie ist der meistverkaufte Käse vom Hof Marienhöhe. Die Waschküche ist inzwischen Gemüsekeller, es gibt eine neue Käserei mit Fußbodenheizung, ein Butterfass der Spitzenklasse und einen neuen Stall.

Szenenwechsel. Sechs Autostunden nach Westen, in die Niederlande, zu Familie van de Voort. Heide, Kiefern, Birken, Eichen – der Hof De Groote Voort bei Lunteren liegt, typisch für dieses dicht besiedelte und der Effizienz verschriebene Land, zugleich idyllisch und in unmittelbarer Nähe der Autobahn. Neunzig Jerseykühe leben hier, was an sich bereits ungewöhnlich ist. Traditionell fungieren in den Niederlanden vor allem die schwarzbunten Fries Hollands als Milchgeberinnen. Die wurden ab Mitte des 19. Jahrhunderts in den USA zu den super-effizienten Holstein-Friesians hochgezüchtet, wahren Milchmaschinen auf vier Beinen, und als solche reimportiert. Sie sind heute zu über 95 % für die niederländische Milch zuständig. Ebenso ungewöhnlich: Besuche auf dem Hof beginnen grundsätzlich damit, dass Jan Dirk van de Voort, 60, ruhig, freundlich, beinahe ein wenig verschmitzt, nach einem Spaten greift und einen auf die Weide hinter den rotziegeligen Gebäuden mitnimmt. Dort sticht und hebt er sehr gewissenhaft ein kleines Quadrat Boden aus, zeigt auf die vielen unterschiedlichen Arten von Würmern und betont, wie wichtig es sei, mit Strohmist den Humusgehalt zu steigern und die Weiden nicht mehr zu mähen und zu pflügen.

Jan Dirk und seiner Frau Irene ist etwas Außergewöhnliches gelungen: Sie haben mitten in der Gouda-Welt einen ganz neuen Käse entwickelt, den Remeker, und sich damit aus dem engen Preisgefüge der herkömmlichen Handelsstrukturen gelöst. Als ich 2010 zum ersten Mal in den Niederlanden auf Käserecherche unterwegs war, stieß ich auf sie, weil sie die Einzigen waren, die Käse ohne Plastik-Coating für möglich hielten. Um zu verstehen, was das bedeutet, ist es wichtig, die niederländische Käsepsyche historisch zu betrachten.

Wer in den Niederlanden von Käse, also *Kaas* spricht, der meint Gouda oder *Goudse Kaas*, Gouda-Käse, denn sonst spräche er explizit von Edam oder Leidener. *Kaas* kommt nicht aus dem Ort Gouda selbst, sondern ursprünglich aus dem fruchtbaren Landstrich rund um die Stadt, dem sogenannten grünen Herzen der Niederlande, und wurde traditionell in Gouda gehandelt, also als junger Laib vom erzeugenden Bauern an den meistbietenden Käsegroßhändler verkauft, in dessen Lager er dann weiterreifte. Käse hat in den Niederlanden eine lange Tradition. Bereits vor über zweitausend Jahren haben die Ur-Friesen die damals auf aufgeschütteten Erdhügeln am Meer lebten, den Wurten oder Warften, Milch zu Käse verarbeitet, das belegen Fundstücke. Exporte von niederländischem Käse nach Frankreich sind seit Ende des 12. Jahrhunderts dokumentiert, niederländische Rheinschiffer bezahlten damals ihren Zoll in Form von Käse. Im 16. Jahrhundert galten die Niederländer als ausgewiesene Milch-, Butter- und Käseexperten und wurden von den Adelsherren Schleswig-Holsteins engagiert, um auf deren Gütern Meiereien zu betreiben. Das geschickte Agieren am Markt ist ebenso eine niederländische Spezialität wie das Bauen von Poldern: Beinahe ein Viertel der heutigen Landesfläche liegt unter Normalnull, ehemaliges Wattenmeer und Moore werden mittels eines ausgeklügelten Systems von Deichen, Kanälen und Pumpen trocken gehalten. Die Blütezeit dieser selbstbewussten Ausdehnung und Neugestaltung des Landes liegt im 17.Jahrhundert, dem sogenannten Goldenen Zeitalter, als niederländische Kaufleute mittels der 1602 gegründeten Niederländischen Ostindien-Kompanie weltweit den Handel mit Gewürzen und anderen teuren Exotika beherrschten. Viel Geld floss in die Hafenstädte und ihr Hinterland. Man hoffte beim Trockenlegen auf Weizenfelder – um festzustellen, dass man »nur« Weideland geschaffen hatte.

Vergleichbar mit der Entwicklung in Deutschland setzte dann auch in den Niederlanden im Zuge der industriellen Revolution Ende des 19. Jahrhunderts ein rasanter Ausbau der Milchwirtschaft ein. Als 1871 die erste Molkerei entstand, die man in den Niederlanden bezeichnenderweise bis heute als Milchfabrik bezeichnet, lag die jährliche Milchproduktion bei zwei Millionen Tonnen und die Bevölkerungszahl bei etwa vier Millionen. Fünfzig Jahre später, so schreibt der niederländische Molkerei-Ausschuss auf seiner Website, hatte sich beides verdoppelt. Richtig los ging es dann ab 1960, bis 2000 verdoppelte sich die Bevölkerung ein weiteres Mal, während die Milchproduktion aufs Dreifache stieg. Heute gibt es in den Niederlanden praktisch keine traditionell gemischten landwirtschaftlichen Betriebe mehr, und die Milchviehbetriebe werden immer größer und effizienter. Sie nutzen über die Hälfte der Agrarfläche des kleinen Landes und produzieren mithilfe von 1,5 Millionen Kühen knapp elf Milliarden Liter Milch im Jahr. Über ein Viertel davon wird in Form von Käse exportiert, wovon wiederum zwei Drittel in die EU kommt, mit Deutschland als dem mit Abstand wichtigsten Markt an der Spitze. *Kaasmeisje* Frau Antje, diese 1961 von einer deutschen Marketingfirma erschaffene Kunstfigur, hat beste Arbeit geleistet. Mit ihrem blonden Lächeln hat sie den Käseexport nach Deutschland in den ersten 28 Jahren ihrer Existenz mehr als verdreifacht, heute beläuft er sich auf 892 Millionen Euro. Auch die Milchfabriken schließen sich zu immer größeren Gebilden zusammen; FrieslandCampina ist das fünftgrößte Molkerei-Unternehmen der Welt und verarbeitet nahezu 80 % der in den Niederlanden produzierten Milch.

Alles in allem Zahlen, die nicht gerade auf Käse von Spitzenqualität schließen lassen, sondern auf ein industrielles Produkt. Technologisch gesehen, ist der milde, günstige Supermarkt-Gouda eine Meisterleistung der niederländischen Lebensmittelbranche. Doch die Niederlande sind nicht nur einer der führenden Produzenten von Milch und Milchprodukten, Milch und Milchprodukte sind auch grundlegender Bestandteil des niederländischen Alltags. Ein typisches Mittagessen besteht aus weichem Brot mit Butter (3 kg pro Kopf jährlich) und Käse (über 20 kg pro Kopf jährlich).

Überhaupt, die Menschen dort. Bis heute wird der Blick durch die Fenster getreu den calvinistischen Wurzeln selten durch Gardinen gestört. Der wohlerzogene Mitbürger schaut trotzdem nicht hinein, das gehört sich nicht. Der weniger zurückhaltend erzogene Tourist wagt hier und dort einen schnellen, neugierigen Blick. Und sieht häufig Szenen und Gesichter, die an Bilder von Rembrandt, Hals und Vermeer erinnern. Eine gewisse Geradlinigkeit, duldsame Nüchternheit, arbeitsame Beharrlichkeit ... Ältere Damen mit Dutt, denen auch eine Haube stünde, Interieurs mit Möbeln und Gegenständen, die geschichtliche Kontinuität zum Ausdruck bringen, der Stolz rechtschaffener Bürger auf das Erreichte. Die Mittelschicht ist hier so bedeutend, dass sich schon der Gedanke an Elite eigentlich verbietet. Gut und ausreichend essen, ja. Extravaganzen? Eher die Ausnahme. Die technisch beeindruckende Effizienz der Landwirtschaft und Lebensmittelindustrie erklärt sich in diesem Kontext, besonders in der Nähe der Häfen drängen sich Felder und Weiden zwischen Erdölraffinerien, Chemiekonzernen und den Betrieben der Elektroindustrie.

Käse als Grundnahrungsmittel ist Teil dieses produktiven Pragmatismus, schon immer ging es dabei um Verlängerung der Haltbarkeit und Verringerung des Volumens, um den Handelsradius zu steigern. Gouda soll in der maritim feuchten niederländischen Luft »trocken« und sauber reifen, ohne den Einfluss von Schimmelkulturen auf der Rinde, die seinen geradlinigen, mehrheitstauglichen Geschmack beeinflussen könnten. Zu einer Zeit, als die Käse noch nicht mit einem »Coating« versehen wurden, bedeutete das eine Menge Arbeit im Käsekeller, um die Laibe während des Reifens frei von Schimmel und trocken zu halten. Dieser Aufwand wird heute für quasi unmöglich gehalten. Das in mehreren Lagen dünn auf die jungen Laibe aufgetragene Coating bildet eine künstliche Rinde, die ihn vor Fremdschimmeln schützt, aber doch altern lässt. Dies gehöre traditionell zum holländischen Gouda, heißt es allgemein, selbst Ökobetriebe und die ambitionierten, traditionsbewussten

Slow-Food-Produzenten des *Boeren Goudse Oplegkaas*, des gereiften Bauernkäses aus Gouda, überziehen ihre Käse damit, wenn auch ohne Farbstoffe oder Fungizide. Tatsächlich ist das luftdurchlässige, also atmungsaktive Plastik-Coating aber erst nach dem Zweiten Weltkrieg erfunden worden.

Es erfordert eine große innere Unabhängigkeit, sich als Käsemacher in den Niederlanden von diesen übernommenen Traditionen zu lösen. »Als ich den Hof 1981 übernahm«, sagt Jan Dirk, »habe ich komplett konventionell gearbeitet, war im Frühling immer der Erste mit Kunstdünger auf der Weide. Ab 1993 stellten wir dann auf ökologisch um, aber erst 2004 haben wir mit dem Enthornen und den Antibiotika aufgehört. Das war am Anfang sehr schwierig, bis ich begriffen habe, dass die Balance fehlte. Wir, die Kühe und die Theorie, das muss alles zusammenpassen.« Mit einer großen Geste beider Hände deutet er zwei verschiedene Ebenen wie bei einer unausgeglichenen Waage an: »Ich musste hinunterkommen, und die Kühe hinauflassen, jetzt sind wir auf demselben Niveau, und ich verstehe viel besser, was sie mir bieten. Die Tiere brauchten mehr Platz, deshalb haben wir einen neuen Stall gebaut. Außerdem haben wir darüber nachgedacht, für welche Art von Futter eine Kuh wirklich gebaut ist, nämlich Raufutter, also Gras und Heu, nicht Maissilage oder Kraftfutter. Der Kuhmist muss die Konsistenz einer feinen Salbe haben, dann stimmt alles!«

Auch das gehört dazu, wenn man bei Jan Dirk zu Besuch ist: sein Griff in einen frischen Kuhfladen, das Zerreiben der braunen Masse zwischen den Fingern, eine auffordernde Geste in Richtung Besucher – bis jetzt habe ich nicht selber hingefühlt, sondern nur daran gerochen, aber die Bedeutung des Kuhdungs ist mir mehr als bewusst. Als ich in Indien unterwegs war, zu Weingütern und Teegärten, waren Diskussionen über Würmer und Kuhfladen selbstverständlich.

Inzwischen kommen regelmäßig Kollegen und Studenten nach

Lunteren und wollen von ihnen lernen, aber, sagt er, das ließe sich nicht einfach so übertragen, jeder müsse ein Gefühl für die eigene Situation entwickeln, den eigenen Boden, den eigenen Mist, die eigene Fütterung: »Ich sage allen immer: Das denke ich, und nicht: So muss man es machen. Alle wollen sie immer mehr Kühe haben, aber keiner will an Kuhfladen riechen – wie soll das funktionieren? Kann man so Bauer sein?«

Bereits sein Vater hat die Herde von den üblichen Schwarzbunten auf die wunderschönen Jerseys umgestellt, die in allen Schattierungen von Braungrau, Cremeweiß und Rotbraun leuchten, weniger hochgezüchtet sind und daher kleiner, leichter und robuster. Sie geben weniger Milch, aber dafür viel gehaltvollere, mit einem Fettgehalt von über sechs Prozent. Jan Dirks Großmutter hatte noch Käse gemacht, wie es damals üblich war auf einem Hof wie dem der van de Voorts, dann jedoch lieferte man die Milch an die Molkerei, und die Tradition ging verloren. Als Jan Dirk Mitte der 1980er Jahre mit dem Käsen begann, habe er ganz von vorne anfangen müssen. Alle hätten gesagt, aus Jerseymilch könne man keinen guten Käse machen, die enthalte viel zu viel Fett. »Allerdings vergessen sie dabei, dass sie auch mehr Eiweiß enthält, und das ist schließlich beim Käsen entscheidend!«

Die vielen kleinen Schritte, die zur Veränderung führen, werden sorgfältig protokolliert, um aus den eigenen Beobachtungen und Fehlern zu lernen. Rohmilch war selbstverständlich, doch dazu kam die Umstellung auf ein anderes Salz, und nach und nach eine neue Käseform, weg von den abgerundeten Laiben hin zu kantigen, in Spannreifen gepresste Käse nach alpinem Vorbild, mit dem eingeprägten Remeker-Schriftzug. Und dann, die Frage des Coatings. »Ich wollte das Coating schon immer loswerden, und meine Frau war lange in Indien, deshalb sind wir zusammen mit unserer Käserin auf die Idee gekommen, die Laibe mit Ghee einzureiben, statt sie mit Coating zu überziehen.« Ghee ist gekochtes, also ganz wasserfreies Butterfett, zitronengoldgelbe lange Barren entstehen aus der Molkenbutter. »Als wir mit dem Ghee anfingen, hieß es wieder, das würde nicht funktionieren. Das Butterfett werde zu schnell ranzig. Doch seit unsere Kühe wieder Hörner haben, ist das überhaupt kein Problem.« Die Laibe werden heute außerdem mit einer Art Laserdrucker mit dem Remeker-Logo der großäugigen Kuh und der jeweiligen Reifestufe gekennzeichnet.

Um die Kunden nicht zu überfordern, sei es sehr wichtig gewesen, dass all das nach und nach geschah, betont Jan Dirk. Den Bau des selbst entworfenen, offenen Stalls, wo die Kühe auch bei winterlichen Minusgraden auf tiefem Stroh warm liegen, finanzierten sie über einen ersten Preisaufschlag beim Käse (»das war gar kein Problem!«) und verkauften an Privatleute Zertifikate über Anteile von 25000 Euro mit 1,5 % Rendite an einem Landfonds. Als Sohn Peter vor vier Jahren mit in den Betrieb einstieg, erhöhte er die Preise noch einmal (sie sind immer noch mehr als fair), seitdem wirft der Hof zum ersten Mal Gewinn ab. Der alte Kuhstall fungiert heute zusammen mit einem neuen Bau als Käselager, mit offenem Sandboden unter den Holzregalen. Die nächste Aufgabe besteht darin, einen realistischen Umgang mit den Käsemilben zu entwickeln, die sich auf den gereiften Laiben sehr wohlfühlen. Dann steht die Arbeit mit eigenen Bullen, eigenem Lab, eigenen Kulturen auf dem Programm. Auch die Zusammensetzung des Futters muss weiter durchdacht werden: Bereits heute bekommen die Tiere 40 Kräuter und getrocknete Früchte wie Äpfel, Trauben und Bananen statt synthetischer Vitamine. Irene engagiert sich auch für den Ausbau alternativer Vertriebsstrukturen mit guten Spezialgeschäften und unabhängigen Naturkostläden. Letztlich geht es dabei auch darum, Verständnis für ihre Arbeit zu schaffen.

Die van de Voorts leben die Prinzipien der biodynamischen Landwirtschaft wie nur wenige. Rudolf Steiners Schriften habe er erst vor einigen Jahren gelesen, sagt Jan Dirk zu meiner Überraschung, die Vorschläge und Anstöße hätten ihm aber sehr gefallen. Demeter hingegen, das seien zu viele Regeln, zu verkopft: »Wir tun Dinge auf eine bestimmte Weise, weil wir beobachten und unsere eigenen Wege gehen, statt uns über andere Menschen zu beklagen. Alles hängt mit allem zusammen, und die Kühe zeigen dir, wo es langgeht. Es ist alles so komplex, und je tiefer man eintaucht, desto mehr Möglichkeiten ergeben sich!«

Bei meinem ersten Besuch 2010 waren die Ghee-Laibe noch die Ausnahme gewesen, jetzt, sieben Jahre später, ist das bunte Coating nur noch ein Erinnerungsfoto in der Küche. Ebenso grundlegend und schier unglaublich ist die geschmackliche Entwicklung. Remeker hat mir immer gefallen, doch was ich beim letzten Mal verkosten durfte, kam aus einer anderen Welt. Es gibt jetzt vier Reifestufen: Pril (niederländisch für zart, drei Monate jung, wie feinster Buttermürbeteig und sämig schmelzend), Ryp (reif, acht Monate, allmählich ins Käsestadium übergehend, etwas fester in der Konsistenz), Olde (alt, zwölf Monate, mit ersten Kristallen und jetzt in der Balance zwischen buttriger Üppigkeit und Reifewürze, in der Textur wie Marzipan oder Shortbread – und dann schmilzt er doch …). Und schließlich Pracht, wahrhaftig prächtig, 18 Monate, immer noch mürbe, aber auch brechend, mit Kristallen und einer großartigen Umami-Würze, so dass die bei zwangsschnellgereiftem Fabrikgouda oft so aufdringliche Süße hier ganz eingebunden ist.

Jan Dirk schenkt bei seinen Verkostungen heute grundsätzlich sogenannte Naturweine ein, die ebenso aufmerksam erzeugt werden wie der Remeker. Für den Käse, den ich mit nach Hause genommen habe, griff ich nach einem fünfzehn Jahre (!) im großen Holzfass gelagerten Grünen Veltliner vom Nikolaihof der Familie Saahs in der Wachau, die 1991 Vinothek-Abfüllung. Der machte im Glas immer weiter auf, war nicht fruchtig und auch nicht firn, sondern balsamisch, mit feinen Tabaknoten, und Kräutern, und und und … er ließ all die Details über Kuhhörner, Mist und Kräuterpräparate in den Hintergrund treten.

Schafe, Hirten, Pecorino: Unterwegs auf Sardinien und Sizilien

Salvatore Tarantino, Tasca d'Almerita *Vallelunga/Sizilien*
Gianfranco Bussu *Macomer/Sardinien*

Aller modernen Technologie zum Trotz, von YouTube über E-Mail bis zu Facetime, wird das virtuelle »Erleben« nie das tatsächliche Sehen, Riechen, Fühlen, Schmecken ersetzen. Wie oft habe ich gedacht, einen Käse rundherum begriffen zu haben, um dann am dampfenden und duftenden Kessel festzustellen, dass alles doch ganz anders zusammenhängt. Zum Beispiel beim Pecorino.

Pecorino heißt Schafskäse, nicht mehr, nicht weniger. *La pecora*: das Schaf auf Italienisch. Natürlich ist Schafskäse kein ausschließlich italienisches Phänomen; es gibt spanischen Manchego, kroatischen Brački Ovčji Sir und polnischen Oscypek, außerdem Roquefort, Brebis des Pyrénées und Brin d'Amour, um nur einige zu nennen. Darüber hinaus ist Pecorino eine der losesten Käsefamilien überhaupt, theoretisch dürfte auch eine Bäuerin in Buxtehude ihren Frischkäse aus Kuhmilch so nennen. Was alles andere als sinnvoll wäre, denn selbst Nicht-Italiener verstehen darunter einen mehr oder weniger festen Schnittkäse aus Schafsmilch.

Schafsmilch ist ein im Vergleich zur Kuhmilch rares Superfood, ein Liter davon, maximal anderthalb fließen täglich aus den zwei Zitzen. Doch diese Milch ist dafür umso konzentrierter an Fett, Eiweiß und Milchzucker – in bester Qualität, frisch gemolken und ganz leicht gekühlt schmeckt sie wie feinstes italienisches Milchspeiseeis. Noch etwas ist anders beim Schaf: Es steht nicht gerne im Stall, eigentlich braucht es gar keinen ... Und es waren Hirten des Nachts auf dem Felde.

Schafe (und Ziegen, in ihrer Wildform sind die beiden gar nicht so leicht zu unterscheiden) sind nach dem Hund unsere ältesten Nutztiere. Ihre Wandlung von wild zu zahm hat die unsere begleitet, als wir an Euphrat und Tigris allmählich von nomadischen Jägern und Sammlern zu mehr oder weniger sesshaften Bauern wurden und sich diese Lebensform über den Mittelmeerraum nach Norden verbreitete. Das Schaf erinnert sich trotzdem noch ans Leben im Freien, es frisst gern hier und dort (wenngleich es im Gegensatz zur Ziege Nadeln ablehnt und sich nicht in die Höhe reckt) und findet beinahe an jedem Ort noch etwas, mag er auch noch so sumpfig, felsig oder trocken sein. Schafe sind geduldig, intelligent (jawohl!) und gruppenfähig. Sie lassen sich bereitwillig hüten, wobei es eine Frage der Perspektive ist, ob die Schafe dem Hirten oder der Hirt den Schafen folgt; im Idealfall ist es sowohl das eine als auch das andere. In vielen Schafskäse ist daher das Zusammenspiel von Landschaft, Tier und Mensch noch sehr deutlich zu erkennen, und die Wurzeln des Pecorinos liegen im Zusammenleben von Hirten und Schafen. Das ist mir während einer käse-erfüllten Woche in Sizilien, die ich Fabrizia Lanza verdanke, bewusst geworden.

Fabrizia Lanza, eine elegante, graugelockte Endfünfzigerin, ist die Marchesa auf Casevecchie, das zwei Autostunden östlich von Palermo auf den Ländereien ihrer Familie liegt. Die Tasca d'Almeritas, Cousins der Marchesa, gehören zum alteingesessenen sizilianischen Landadel und führen gleich nebenan auf Case Grande eines der größten Weingüter der Insel. Fabrizias Mutter Anna Tasca-Lanza hat 1989 in den alten Gebäuden rund um den großen Innenhof auf Casevecchie eine Kochschule gegründet, die es bald zu internationalem Renommee brachte und seit Annas Tod 2010 von Fabrizia geleitet wird. Doch wie wir von Lampedusa und seinem

Gattopardo-Epos wissen, an das wir in der betörenden Schönheit und gleichzeitig brutalen Schroffheit dieser Landschaft unweigerlich denken müssen: *Se vogliamo che tutto rimanga come è, bisogna che tutto cambi* – Wenn wir wollen, dass alles bleibt, wie es ist, muss sich alles ändern. Sizilien ist eine Welt für sich, imposant und wunderschön, aber eben auch hart und unerbittlich, mittelalterlich-feudal im einen Moment und modern im nächsten. Im Käse der Insel lassen sich die Berge und Täler, aber auch die Zeit erschmecken.

Die Marchesa hat nicht auf die Barrikaden gerufen, aber sie setzt eine Vision in die Tat um, die tatsächlich revolutionär ist, besonders in diesem konservativen Kontext. In dem von ihr geschaffenen kulinarischen Studiengang namens *Cook the Farm* beschäftigen sich Studenten zehn Wochen lang mit den Zusammenhängen des Essens im Großen und im Kleinen, in Sizilien, aber auch darüber hinaus rund ums Mittelmeer. Sie werfen den Blick über den sprichwörtlichen Tellerrand auf Landschaft und Boden, Pflanzen, Tiere und Menschen. Das Ganze ist nach den großen Grundthemen gegliedert, von Getreide über Fleisch, Oliven, Früchten bis hin zum Käse, und die Verarbeitung ist von ebenso großer Bedeutung wie das Produkt selbst. Dabei zu sein, wenn auf einer Steinmühle Weizenkörner frisch gemahlen werden, sie zu fühlen, zu riechen und zu schmecken, kann nicht durch die Lektüre eines Buches ersetzt werden. Dazu kommt die aktive Arbeit im Obst- und Gemüsegarten: Bäume beschneiden, mit Spaten und Schubkarren Kompost verteilen – »mit dem Boden«, sagt die Marchesa, »muss man ebenso sorgfältig umgehen wie mit dem Mehl, sich der Verbindung zwischen beidem bewusst sein. Wir haben das Glück«, sagt die Marchesa, »noch auf viele Praktiken und enormes Wissen aus der Vergangenheit zurückgreifen zu können. Aber wenn wir nicht aufpassen, dann ist das alles bald verschwunden.«

Nun habe ich – leider – keine zehn Wochen in Sizilien verbracht, sondern nur diese eine, die dem Käse gewidmet war. Doch die war reich gefüllt. Milch in Sizilien kommt zu zwei Dritteln von Schafen, den Rest liefern Kühe und als statistische und eher neue Randerscheinung ein paar Ziegen wie die Girgentana, deren Hörner aussehen wie Korkenzieher. Der größte Teil der Kuhmilch wird als Pasta Filata verarbeitet, also wie Mozzarella geknetet und gezogen und zu sackförmigen Provolone und Cacciocavallo verarbeitet, aber auch zu den großen Quadern des bis zu dreißig Kilo schweren Ragusano, der die zwiebelartigen Schichten nur noch ahnen lässt und mindestens zwölf, besser aber 36 Monate reifen sollte. Vastedda del Belice ist der einzige Pasta-Filata-Käse aus Schafsmilch. Und ansonsten: Pecorino.

Der kam gleich am ersten Abend auf den großen Tisch in der Küche von Casavecchie, und er eröffnete mir ebenso neue Dimensionen wie die Weite der von Lampedua beschriebenen sizilianischen Landschaft. Ausgesprochen dicht und intensiv, komplex und langanhaltend, ohne jegliche Spur von trockener Mehligkeit oder Schärfe. Gereifter Pecorino wird manchmal mit gekochten Maronen verglichen, doch dieser Käse glich eher einem dicken, fleischigen *ragù*, war in nahezu perfekter Balance rustikal und äußerst elegant zugleich. Das klingt extrem, aber so ist Sizilien. Dieser Pecorino war der Tasca-Hauskäse, gemacht von Totò. Der heißt eigentlich Salvatore Tarantino und kümmert sich seit über zwanzig Jahren um die sechzig Schafe der Familie, tagaus, tagein. So ist das beim Landadel: Neben Weinbergen gibt es eigene Olivenhaine, Getreidefelder, Obstgärten und eben auch Schafe für die Versorgung von Familie und Gästen. Totò ist sozusagen ein Privathirte und Privatkäser, was den großen Vorteil hat, dass er sich nicht groß um offizielle Vorschriften zu kümmern braucht, sondern so hantieren kann, wie er es schon immer getan hat, und vor ihm sein Vater.

Am nächsten frösteligen (Januar-)Morgen darf ich ihn besuchen und zuerst beim Melken zusehen, in einem sehr einfachen, offenen Stall, eigentlich ein großer Verschlag, oberhalb der Gutsgebäude. Die langmähnigen, scheuen cremeweißen Schafe drängen sich schon wartend unter einem großen Olivenbaum. Totò, klein, rundlich und eher wortkarg, blauer Arbeitsoverall, steigt vom Moped und setzt sich vor eine schmale Luke im Stall. Er legt sich eine Plane über die Knie, hängt die weiße Kappe an einen Pfosten und lässt das erste Schaf vor sich halb in die Luke treten. Und dann melkt er. In einen Eimer. Mit der Hand. Die Ingenieurstochter in mir denkt sofort über die Rückständigkeit der Südländer nach, fehlende Effizienz, typisch, die können ja zu nichts kommen, und außerdem beuten sie die Arbeiter aus ... Aber damit liege ich falsch. Denn das Handmelken, ein Tier nach dem anderen, macht hier Sinn. Die Menge ist winzig, gerade einmal eine knappe Minute braucht Totò pro Tier, und der enge Kontakt zwischen ihm und den Schafen ist entscheidend. Er ist ihnen zweimal täglich ganz nah und spürt, ob sie sich wohlfühlen. Er ist der Hirte.

Nach einer knappen Stunde setzt Totò die Kappe wieder auf, klemmt sich auf dem Moped die Milchkanne zwischen die Beine und tuckert hinunter in die Käserei, während ich zu Fuß eine Abkürzung nehme. In dem einfachen, blau gekachelten hohen Raum gießt er die noch warme Milch durch ein vierlagiges Tuch in einen weißen Plastikbottich und mischt die leicht erhitzte Milch vom Vorabend darunter (früher hätten sie morgens und abends gekäst, sagt er, aber man wolle schließlich auch ein Leben haben – alles muss sich ändern). Dann löst er in einer flachen runden Kupferschale ein wenig Lamm-Labpaste in lauwarmem Wasser auf (früher hätten sie ihr Lab selbst gemacht, das sei viel besser gewesen) und mischt sie in die Milch. Wie bei allen Käsern ist daraufhin Zeit für einen Kaffee, den er uns im Büro gegenüber in einer kleinen Maschine macht (die Moderne), während die Enzyme aktiv sind und die Milch gerinnen lassen. Eine kurze halbe Stunde später (eine sehr italienische Zeitspanne) hat sich eine auffallend feste

Gallerte gebildet. Mit einem Holzstab, an dessen Ende eine kleine runde Holzscheibe sitzt, verührt und zerkleinert er die kurz und nicht sehr systematisch zum Bruch. Er gießt einen Eimer heißes Wasser dazu, damit die Temperatur nicht zu stark absinkt, rührt noch ein wenig und beginnt dann, die sich schnell bildende hellgrüne Molke (die er zu diesem Zeitpunkt *lacciata* nennt, andere sagen *siero*) abzuschöpfen. Dabei drückt er den Bruch immer wieder auf den Boden. All das geschieht mithilfe der Kupferschale, eines dieser vielseitigen, einfachen Geräte, die man in unterschiedlichster Form in jeder traditionellen Käserei findet. Schließlich hebt er den Bruch auf den kleinen Abtropftisch neben dem Bottich, schneidet ihn in handtellergroße Stücke und drückt und knetet diese nach und nach kräftig in hohe zylindrische Formen. Die sind aus weißem Plastik, aber mit dem charakteristischen strahlenförmigen Pecorino-Muster den traditionellen weidegeflochtenen Körben nachempfunden (das Weidegeflecht ist offiziell den modernen Hygienestandards zum Opfer gefallen, ich bin aber nicht nur bei Totò auf solche Korbformen gestoßen, die aussahen, als seien sie durchaus noch im Gebrauch).

Mir ist es immer ein Rätsel gewesen, wie die besondere Pecorino-Struktur entsteht, hart, aber doch nicht richtig hart, schnittfest und doch schiefrig bröckelnd, dabei ohne komplizierte Gerätschaften zum Pressen … Hier ist die pragmatische Antwort: Wie beim Melken handelt es sich um reine Muskelkraft. Das Kneten und Drücken hat dieselbe Wirkung wie ein leichtes Pressen, und durch das vorherige kurze Ruhen des Bruchs entsteht die nicht ganz homogene Struktur. Zum Schluss wendet er die weißen, noch ganz elastischen Käse und begießt sie mit der heißen Molke. Die dampft inzwischen in einem Kessel, der in einer gemauerten Feuerstelle über knisterndem Rebholz hängt. Totò legt Holz nach, schiebt die Kappe in den Nacken und setzt sich dann vor die Molke. Sie ist ihm ebenso wichtig wie der Pecorino, das ist offensichtlich, seine ganze Aufmerksamkeit ist jetzt darauf gerichtet. Ricotta! Aus der reichhaltigen Schafsmilch gewonnen, ist das etwas ganz Besonderes und bedeutet in Sizilien Gnocchi, Cannoli, Polpette …

Totò rührt Salz in die Molke, wirft ein paar Feigenzweige hinein und schöpft mit einer Kelle sorgfältig den aufsteigenden weißen Schaum und umherschwimmende Käsebruchkrümel ab. Mindestens 80 °C muss die Molke haben, damit das Molken-Protein gerinnt, das sich anders als das Kasein-Protein (der Bruch für den Pecorino) vom Lab gänzlich unbeeindruckt zeigt, und je langsamer das geschieht, desto besser und vollständiger. Und es braucht Geduld. Aber die hat Totò, der neben sich auf einem Blech bereits kleine Formen aufgereiht hat, in die er schließlich vorsichtig eine weiße Masse wie aus lauter Watteflocken schöpft. In dem kleinen blauen Raum duftet es längst ganz wunderbar, süßlich, laktisch. Einen Moment später schiebt er mir eine der Formen zu und deutet auf einen Löffel – ich soll, darf probieren. Und … diese noch warme Ricotta gehört ohne jegliche Übertreibung zum Besten, was ich je auf der Zunge gehabt habe. Sie wirkt so federleicht, dass die Grenzen zwischen meinem Körper, meinen Sinnen und dieser wundersamen, streichelweichen Masse verschwimmen, es ist wie ein Eintauchen ins Leben selbst, in Luft und Sonne, den Boden … ultimatives Comfort Food. Für einen langen Moment schwebe ich im glückseligen Irgendwo und Nirgendwo, was Totò durchaus wahrnimmt und für normal zu halten scheint.

Als er fertig ist mit Schöpfen, stellt er den Kessel auf den Boden, wendet die beiden Pecorino-Laibe nochmals in den Formen und hängt sie dann in die warme Flüssigkeit, die jetzt nur noch Käsewasser ist (*siero*, sagt Totò, andere hingegen *scotto*). Wir müssten jetzt schleunigst zu den Schafen, bedeutet er mir. Er spült den Abtropftisch und den Bottich mit Wasser, dann stellt er ein paar große Pappen als Schutz um und über den Kessel. Auf genial einfache Art sind die jungen Käse so vor jeglichem Ungeziefer geschützt und kühlen nur ganz langsam ab, so dass die Milchsäurebakterien schön aktiv bleiben. Erst wenn er vom Abendmelken zurückkommt, nimmt er die Formen aus dem Käsewasser heraus und lässt sie über Nacht abtrocknen. Am nächsten Morgen legt er sie ins Salzbad, danach werden sie nochmals kräftig trocken gesalzen (das Salz entzieht Molke und sorgt auch ohne moderne Kühlung für bakterielle Stabilität), um schließlich auf den Holzregalen des kleinen Raums neben der Käserei zu reifen. Unter sechs Monaten, sagt Totò, könne man einen Käse einfach nicht Pecorino nennen … der am Vorabend war acht Monate alt. Er gibt mir noch ein Stück seines drei Tage jungen Primosale zum Probieren, dem nur einmal gesalzenen Käse. Auf Gemüse gerieben sei das *la fine del mondo*, das Ende der Welt, das Höchste der Gefühle – seine Augen strahlen.

An diesem Januarmorgen scheine ich hier wirklich mitten im Paradies gelandet zu sein. Case Vecchie liegt auf gut 500 Meter Höhe, und die schneebedeckten Kuppen der beinahe 2000 Meter hohen Madonie-Bergkette leuchten am blauen Horizont zu uns herüber, als wir den Schafen hinterherziehen, die sich ihren Weg um und durch die Weinberge suchen. In den rotblühenden Eukalyptusbäumen schwirren und summen die Bienen, dazu das zarte Rosa der Mandelgärten, Rosenhecken, überall bricht sich saftiges Grün mit aller Macht seine Bahn. Doch das wird sich ändern, spätestens ab Juni wird es sehr trocken und heiß sein, und dann geben die Schafe keine Milch mehr ab. Hier verlaufen die Käse-Jahreszeiten ganz anders als in den Alpen, gemolken wird ab Oktober und über den Winter, am besten seien die Käse, sagt Totò, die er von März bis Mai mache.

Weltweit gibt es immer weniger Hirten wie Totò (denn das ist er, obgleich er seiner Herde meistens mit dem Moped folgt), sie sterben aus. Ob in Rumänien, Tibet, den Anden, Pakistan, Irak oder Somalia, der Eifel oder der Lüneburger Heide. Romantisiert und doch aus dem modernen Sozialsystem Leben größtenteils verdrängt, als unprofitabel, störend, anachronistisch erklärt – seit dem großen Umbruch im Zweistromland stehen Hirten im Konflikt mit den Sesshaften aller Art, von Ackerbauern über Naturschutzparks bis hin zu wuchernden Städten. Die industrielle Landwirtschaft meint auf unkrautfressende, natürlich düngende und mit ihren Hufen den Boden massierende Schafherden auf den abgeernteten Feldern verzichten zu können. Grünfutter für im Stall gehaltene Tiere wird in wenigen Sorten angesät und mit Gülle gedüngt. Erst ökologische Krisen machen uns bewusst, wie ausgeklügelt das alte System war, als Hirten mit ihren Herden selbst den kärgsten Landstrichen noch Nahrung abtrotzen konnten. Wiederkäuend wurde noch die trockenste Pflanzenfaser in Fleisch und Milch verwandelt, selbst dort, wo Bauern am Ende ihrer Weisheit sind, in Mooren, Heidelandschaften, auf der Alb.

Auf der Suche nach dem Pecorino und seiner Geschichte trieb es mich auch nach Sardinien. Ricotta, sagen die Sizilianer, sei bereits von Homer in der *Odyssee* besungen worden, also vor 2800 Jahren. Die Griechen verweisen ebenfalls auf die Erzählung vom käsemachenden einäugigen Kyklopen, denken dabei aber eher an die Ursprünge des Feta. Mich fasziniert noch etwas ganz anderes: Wie kam jemand überhaupt auf die Idee, aus flüssiger Milch mithilfe von Lab festen Käse zu machen? Der Schritt von »Unfall« und »Missgeschick« – süße Milch wird sauer – zu »glücklicher Fügung« und »neuen Möglichkeiten« – saure Milch wird fest und kann reifen – führt zu etwas, was »Erfindung« genannt wird, doch viel öfter auf Erkenntnis und Offenheit beruht.

Beim Käsemachen begleiten wir Milch auf dem Weg, den sie sowieso gehen will: von süß zu sauer, dick und fest, unter aktivem Einfluss von vielen Kleinstlebewesen wie Bakterien, Pilzen und Enzymen. Das haben wir nicht erfunden, sondern nur nachempfunden, denn in jungen Wiederkäuern, seien es Lämmer, Zicklein oder Kälber, geschieht genau das; flüssige süße Milch verwandelt sich in säuerlichen festen Käse. Nicht für uns, sondern weil der junge Organismus fürs Wachsen und Gedeihen das Kalzium braucht, das in der Milch zwar reichlich vorhanden ist, in unvergorener flüssiger Form aber nur schwer zugänglich (was übrigens für uns Menschen ebenso gilt: Milchtrinken hilft Knochen und Zähnen nur bedingt). Im vierten Magen bringt daher Lab, das aus den beiden Enzymen Chymosin (der größte Anteil mit etwa 80 Prozent) und Pepsin besteht, das Kasein-Eiweiß zum Gerinnen. Ich stelle mir vor, wie ein Hirte ein junges Lamm oder Zicklein schlachtet, das kurz zuvor bei der Mutter getrunken hat, die geronnene Masse im vierten Magen entdeckt und trocknet... Urkäse.

Der wird auf Sardinien als Callu de cabreddu, wörtlich Zicklein-Lab, nach wie vor produziert, und war einer der Gründe, warum ich unbedingt und endlich auch auf diese Insel wollte. Ich plante, warf einen viel zu flüchtigen Blick auf die Landkarte und hatte die Vorstellung einer Insel, die sich in fünf Tagen gut erkunden ließe. Außen herum Strand, in der Mitte zerklüftete Gebirgslandschaft mit wilden Mufflons, dazwischen Bergwiesen mit Schafen und Schäfern. Pecorino. Übersichtlich, dachte ich. Ich hatte mich gründlich getäuscht. Denn Sardinien ist zwar nur ein Fünftel so groß wie Deutschland, aber landschaftlich unglaublich vielfältig. Die Böden reichen von Granitfelsen über Kalkmergel bis zu Sand, es gibt alles von schroffen Felsen, Hochtälern und Wald bis zu Sandstränden, und ebenso komplex ist die sardische Kultur, eine Mischung unterschiedlichster Einflüsse aus Spanien, Afrika, Rom, Griechenland und Asien, mit bis heute stark ausgeprägten unterschiedlichen Dialekten.

Was mir vor Ort – inzwischen ist es Anfang April und richtig sommerlich – sofort auffällt, sind drei Dinge, die es in rauen Mengen gibt, wenn auch ungleichmäßig verteilt: Schafe (drei Millionen, die sich mit etwa halb so vielen menschlichen Bewohnern gut vertragen), Disteln (in beeindruckend vielen Varianten, von essbaren Artischocken bis zu ästhetisch ansprechenden, aber sehr stacheligen Varianten) und Steine (die über die Jahrtausende in unterschiedlichste Formen arrangiert worden sind, zu runden Nuraghe-Tempeln und langen Trockenmauern, aber immer noch sehr zahlreich einfach so in der Gegend herumliegen). Es ist trotzdem oder vielleicht gerade deswegen eine wunderschöne Insel, mit ungeahnt vielen Facetten, die sich einem erst bei genauer Betrachtung erschließen, wie zum Beispiel der Wein, der eine große Rolle im kulinarischen Leben spielt, sich aber auf der Produktionsseite ein bisschen versteckt hält. Die Schafe hingegen sind tatsächlich unübersehbar (obgleich es auch Kühe und Ziegen gibt, allesamt ein bisschen wilder als auf dem Festland, kleiner, scheuer, mit zottigem, langen Fell). Sie gehören zur alten, robusten Sarda-Rasse, stammen in direkter Linie von den wilden Mufflons und machen beinahe die Hälfte aller italienischen Schafe aus, weil sie sich vor allem in den 1960er Jahren mit sardischen Auswanderern auch in der Toskana, dem Lazium und den Abruzzen verbreitet haben.

Mit den Hirten sieht es trotzdem auch hier schlecht aus; immer weniger Wanderschäfer ziehen in die Berge, sie bleiben lieber auf den flacheren Weiden, investieren in Melkanlagen und verarbeiten nur noch selten die Milch selber, wie es früher allgemein üblich war. Nur noch 15 Prozent der Milch wird direkt von den Bauern auf den Höfen verarbeitet. Schon Ende des 19. Jahrhunderts entstanden größere Käsereien, die die Milch kauften, weil es im Lazium nicht mehr genügend Schafsmilch für Pecorino Romano gab, dessen Export in die USA florierte. Bis heute wird beinahe die Hälfte der sardischen Schafsmilch zu dieser größten aller Pecorino-Varianten verarbeitet, also zu einem Käse, dessen Ursprung nicht in Sardinien liegt. Das bedeutet nicht, dass die größeren Käsereien zwangsläufig schlechte Ware produzieren; Argiolas Formaggi etwa, eine halbe Stunde mit dem Auto nördlich von Cagliari gelegen, ist eines der vielen positiven Beispiele. Aber die direkte Verbindung zwischen Landschaft, Tieren und Käsekessel ist auf den Höfen wesentlich ausgeprägter. Muss ein Käse aus Macomer, auf der Hochebene von Campeda gelegen, wo es Basaltböden und reichlich Niederschläge gibt, nicht ganz anders schmecken als einer, der in den bergigen Wäldern von Ogliastra an der östlichen Küste entsteht?

Fiore Sardo ist der älteste Schafskäse der Insel, ähnlich gemacht wie Pecorino, aber härter, trockener und kräftiger im Geschmack. Er wird bis heute leicht geräuchert, was zur Geschichte vieler sardischer Käse gehört, weil die Hirten die frischen Laibe einfach in ihren Hütten aufhängten, den Pinnette. Das sind äußerst einfache, zeltartige Konstruktionen aus rund aufgeschichteten Steinen und einem spitzen Dach aus Wurzeln, Stämmen und Zweigen, mit einer Öffnung in der Mitte als Rauchabzug. Beim ohne Rauch gereiften Pecorino bildet sich hingegen ein natürlicher Schimmel, der wiederholt in die Rinde gerieben wird, zum Teil mit Olivenöl. Und selbstverständlich gehört auch hier Ricotta zum Pecorino-Machen wie der Wein zum Essen und wird grundsätzlich handgeschöpft.

Ich besuche Gianfranco Bussu, der den elterlichen Hof bei Macomer vor 25 Jahren von seinem Vater übernommen hat, der ihn wiederum von seinem Vater erbte: Die Bussus haben »schon immer« von und mit den Schafen gelebt und Käse aus der Milch gemacht. Gianfranco arbeitet seit zwanzig Jahren nach ökologischen Grundsätzen, längst entstehen all seine Käse aus unbehandelter Rohmilch.

600 Schafe weiden auf den ausgedehnten Flächen rund um den Hof der Bussus, und Gianfranco erzählt, dass sie im Sommer auch trockene Distelblätter fressen. Wie günstig, denke ich, denn neben Schafen ist Sardinien wie erwähnt reichlichst mit Disteln in jedweder Form gesegnet. Doch auf diesen Weiden wächst so viel mehr,

über fünfzig verschiedene Kräuter auf einem Quadratmeter, und unter den Distelrosetten leuchten einige hellviolette wilde Safranblüten. Um das alles möglichst vollständig in Käse zu übersetzen, arbeitet der stille Mittfünfziger am liebsten mit eingesalzenen, gereinigten und pürierten Labmägen, einer dunkelbraungrünen, ziemlich intensiv, aber nicht unangenehm riechenden Paste. Er kauft sie bei einem lokalen Schlachter, experimentiert aber auch mit den Mägen eigener Tiere. Für eine Pecorino-Variante, die er VerdeNaturale nennt, nutzt er hingegen einen Distel-Auszug statt Lab. Dafür sammelt er im Frühsommer die voll aufgeblühten Blüten der wilden Distelart Cynara Cardunculus, hängt sie kopfüber zum Trocknen auf und weicht die violetten Blütenblätter in lauwarmem Wasser ein. Zwanzig Blüten braucht man, um hundert Liter Milch dickzulegen – auf diese Idee kommt man nur in solch einer Landschaft. Es heißt, dass Distellab vor allem aufgrund von religiösen Speisegesetzen in von Juden besiedelten Landstrichen auf der Iberischen Halbinsel genutzt wurde. Heute verwendet man es nach wie vor für portugiesische Schafskäse, von denen der kremig-säuerliche Serra da Estrela aus dem gleichnamigen Gebirge im Zentrum des Landes am bekanntesten ist. Gianfranco sagt, mit Distellab (das die Enzyme Cyprosin und Cardosin enthält) laufe weniger Molke aus dem frischen Käse ab, so dass der VerdeNaturale etwas feuchter ist und säuerlicher: Ebenso wie das Futter und die Verarbeitung der Milch beeinflusst auch das Lab Charakter und Geschmack der fertigen Käse. Zum Mittagessen bricht er einen zehn Monate alten VerdeNaturale auf. Es ist ein ausgesprochen lebendiger Käse, weder jung-quarkig noch alt-trocken-streng. Von grünlichem Elfenbein und mit ein paar wenigen unregelmäßigen kleinen Löchern, ist er gröber strukturiert als der Fiore und wesentlich »saftiger«. Fiore Sardo, Pecorino, Verde Naturale: drei vollkommen unterschiedliche Käse, von einer Weide, einer Herde.

Ich bin nach wie vor wild entschlossen, einen Callu de cabreddu aufzutreiben, in seiner heutigen Form ein gereinigter, zugenähter und mit frischer, unbehandelter Ziegenmilch gefüllter Zicklein-Labmagen. Allerdings habe ich die Schwierigkeiten der Beschaffung ebenso unterschätzt wie die landschaftliche Komplexität und die Entfernungen in Sardinien. Der Callu de cabreddu wird nur in Ogliastra im Osten der Insel produziert. Einen ganzen Sonntag verbringe ich mit der Unterstützung von Gianfranco und einer ebenso käsebesessenen Freundin auf der Suche danach – um nach einer wahren Odyssee und vielen Telefonaten zu erfahren, es sei ein schlechtes Jahr für den Callu, man habe eigentlich keinen produziert. Aber vielleicht bei diesem einen Laden – der allerdings heute geschlossen sei. Wir klingeln trotzdem, und tatsächlich, Geschäftstüchtigkeit ist wichtiger als Sonntagsruhe UND es gibt Callu! Der im Vergleich zu anderem Käse richtig teuer ist. Aber sei's drum, das ist egal. Es sind sehr frische, noch weiche Exemplare, keine vier Wochen alt (es heißt, der Callu könne bis zu vier Monate reifen). Ich bin hochzufrieden. Doch es kommt noch besser. Abends suchen wir uns in Lanusei ein Hotel, fragen nach einer Empfehlung zum Abendessen, werden in eine schlichte Pizzeria um die Ecke geschickt, erkundigen uns nach dem Tagesangebot, kommen mit der sehr freundlichen Bedienung ins Gespräch – und auf der Käseplatte liegt Callu! Sehr dicht und cremig und kräftig, sicher durch die vergleichsweise große Menge Lab und den natürlich hohen Anteil an Molke bedingt, das Fett bereits stark abgebaut, also beinahe bissig im Nachhall. Nicht unbedingt geeignet, um ihn in großen Mengen pur zu vertilgen, aber wieder ein kleiner Schritt auf meiner Suche nach den Anfängen.

Als ich das Etikett »meines« Callu dann genauer studiere, entpuppt sich der als Ziegenmilch im Lamm-Labmagen. Scheinbar war es wirklich kein gutes Jahr für Zicklein. Animalisch-aromatisch schmeckt auch er, etwas weniger scharf (es heißt, Zicklein-Lab mache die Käse kräftiger, Lamm-Lab sei etwas milder, Kälber-Lab nahezu neutral). Ein halber Teelöffel der geschmeidigen Käsecreme genügt, und der süße Malvasia aus dem pittoresken Ort Bosa an der Westküste Sardiniens, den ich dazu öffne, ergänzt ihn perfekt. Urkäse. Wäre ich als Hirte in grauer Vorzeit »zufällig« darauf gestoßen, hätte ich sicher darüber nachgedacht, wie sich mein Speiseplan öfter und gezielt durch eine solche Würzpaste bereichern ließe.

Eine Zeitreise zu den Ursprüngen: Schweizer Käsetradition in Anatolien

Ilhan Koçulu
Familie Ömür
Boğatepe *Kars, Anatolien/Türkei*

Die Käse Anatoliens faszinierten mich, seit ich ihnen in Istanbul das erste Mal begegnete. Ich wollte unbedingt an ihrem nomadischen Ursprung mehr über sie erfahren, wollte ins innere Taurusgebirge, wo am Fuße des Ararat der Euphrat entspringt. Die Reise dorthin ist auch eine Reise zu den Anfängen unserer Zivilisation und deshalb besonders aufregend, manchmal richtig überwältigend. In Gamze İneceli hatte ich eine gute Freundin gefunden, die systematisch an der Erweiterung meines anatolischen Käsehorizonts arbeitete: Vor der Zeitreise zu den Nomaden würden wir nach Kars fahren. Diese kleine Stadt liegt ganz am Rand der ostanatolischen Hochebene auf 1800 Meter, kurz vor der (seit 1993 geschlossenen) armenischen Grenze, und ist durch Orhan Pamuks Roman *Schnee* weltbekannt. In Kars, so erfuhr ich, gebe es eine ganz besondere Käsekultur, und sie sei Deutschschweizern zu verdanken, die Ende des 19. Jahrhunderts während der russischen Herrschaft über Georgien einwanderten. Am Rande des Kaukasus entstehen deshalb imposante runde Laibe mit großen Löchern, die aussehen wie Emmentaler und Gravyer heißen, Gruyère! Außerdem ist Kars für seinen ganz besonderen Kaşar bekannt und berühmt. Dieser in der Türkei omnipräsente und als Kasseri (in Griechenland) und Kaschkawal (in Bulgarien) weithin bekannte

Schnittkäse ist in industrieller Form komplett banal – hatte da auch der deutschschweizerische Einfluss mitgespielt?

Dass Milch in Kars ein zentrales Thema ist, wird bereits am Flughafen deutlich, wo örtliche Händler auf großen Plakaten zugleich Autos und Vieh anpreisen. Die kleine Stadt im Grenzland zwischen Europa und Asien blickt auf eine ausgesprochen komplexe Geschichte zurück. Als Handels- und Militärstützpunkt hat sie unzählige Belagerungen, Eroberungen und wechselnde Herrscher erlebt. Kars war zeitweilig armenisch, georgisch, persisch, mongolisch, türkisch, russisch – und das ist nur eine unvollständige Liste. Minarette stehen neben Kirchtürmen, alte Häuser muten russisch an, und in den Gesichtern spiegeln sich viele Nationalitäten wider. Von der in Orhan Pamuks Roman beschriebenen Melancholie ist hier nichts zu spüren. In den Straßen geht es lebhaft zu. Bäcker stellen ihre Brote in den Schaufenstern wie Bilder in einer Galerie zur Schau, bei den Fleischern hängen ganze Rinderhälften, liegen kochfertige Rinderköpfe komplett mit Hörnern. Vor den Geschäften stehen große Ballen ungesponnener Wolle, winterliches Dämmmaterial unter Matratzen, für Böden und Wände. Am auffälligsten ist jedoch, wie sich in den baumbestandenen Hauptstraßen ein Käseladen an den anderen reiht. Der Käse-Handel ist offensichtlich Männersache, ich sehe viele ernste Gesichter, ältere, jüngere, mit Schnurrbart, Vollbart, dunkelhaarig, blond, man debattiert – über Qualität? Preise? Ich habe keine Ahnung, aber wichtig klingt es. Auch der Taxifahrer steigt sofort ins Thema Käse ein und diskutiert mit uns über den zweifelhaften Einsatz von chemischen Pestiziden.

Für einen ersten Einblick ins Käseparadies des anatolischen Ostens führt mich Gamze zum Zavotlar Pazari von Akın Erginsoy. Meiner Großmutter hätte der vollgestopfte Laden sehr gefallen; da lockt Honig in allen Formen, Nüsse und getrocknete Früchte stehen in Säcken entlang der Wände, daneben ist Fruchtleder aufgestapelt, große runde Blätter getrockneten Fruchtmarks, Vorfahren der Gummibärchen aus Maulbeeren, Kirschen, Aprikosen.... Die Regale, die bis unter die hohe hellgrüne Decke reichen, bergen heimischen und importierten Tee, Drogerie-Artikel, Kosmetik, Süßigkeiten, dazwischen steht ein kleiner Fernseher, hängen Urkunden, gibt es Eier, Gewürzpasten, Kräuter – und Käse, Käse, Käse. Es ist eine unglaubliche, wunderbare Fülle, die der ruhige, freundliche Mann mit der Andeutung eines kleinen grauen Schnurrbarts und beinahe kahlem Schädel hier versammelt hat. Immer noch Neues ist zu entdecken, und er erklärt, lässt uns bereitwillig von allem probieren und bietet uns selbstverständlich Tee an.

Der größte Teil des Käses ist in einer zum Bersten gefüllten Kühlvitrine untergebracht. Es gibt viele Varianten von Tulum, für den der frische gesalzene Käse in Leder- beziehungsweise Fellsäcke gestopft wird, heute auch in Plastikbidons, und dadurch ganz eigene Texturen und Aromen entwickelt (darüber mehr im nächsten Kapitel). Daneben hängen all die Arten von Çeçil, ein Fadenkäse, der wie Mozzarella zu langen Strängen gezogen wird, anschließend getrocknet und auch ohne Kühlung sehr lange haltbar ist. Selbstverständlich hat Erginsoy auch Küflü Çeçil zu bieten: mit Blauschimmel gealterte Fadenkäse im Ledersack.

Und dann: Gravyer! Der älteste der großen, runden Laibe ist zwei Jahre alt und liegt auf dem Ladentisch. Erginsoy schneidet uns mit einem beeindruckend langen Messer kleine Scheiben ab. Er schmeckt komplex und charaktervoll und wirkt saftiger als ein gleichalter Emmentaler. Gleich darauf müssen wir Kaşar probieren, kleine gelbe, zylinderförmige Laibe ohne offensichtliche Rinde, mit einer abgeflachten Seite, auf der braille-artig der Name des Produzenten zu lesen ist. Das sieht hübsch und originell aus, geschmacklich erschließt sich mir das Besondere hier allerdings noch nicht, wie so häufig in neuen Käsegefilden heißt es, Geduld haben.

Abends besuchen wir einen einfachen Markt im Erdgeschoss eines Veranstaltungshauses. Neonlicht, ein Ort bar jeder Romantik, in einer Ecke ein Friseur, dann ein Käsestand am anderen. Auch hier viele gezogene Käse, als Fäden, Schnüre, in großen Lappen, in Plastik- und Metallwannen. Darüber hängt in Plastikbeuteln an Wandhaken *kurut*, zu weißen Kegeln getrockneter Joghurt. Die Qualität der Käse ist extrem unterschiedlich, Gamze diskutiert lange mit den Händlern, wiederum sämtlich Männer – solche Gespräche sind grundsätzlich wichtig in Anatolien, und es geht dabei gar nicht ums Preisverhandeln, sondern den Aufbau einer Beziehung – wo kommt das her, wer hat es gemacht, wer bist du, wer bin ich … Und immer: probieren. Viele Stände fungieren als Hofläden, und an einem bedient uns ein junger Mann, der offensichtlich und zu Recht stolz ist auf seinen gereiften Kaşar. Dieser Laib ist wesentlich größer, der Teig unter der grauen, trockenen Kellerrinde lässt sich in Schichten auseinanderziehen wie die gereiften Pasta-Filata-Käse Siziliens (Cacciocavallo, Provolone oder Ragusano), feucht und trocken zugleich durchzieht ihn eine leise, aber langanhaltende Erdigkeit … Das ist er, der berühmte Kars Kaşar, und er ist besonders.

In den Fenstern vieler Läden leuchten Plakate mit der Ankündigung eines Käsefestivals in Boğatepe. Dieses Dorf liegt unweit nordwestlich von Kars und noch einmal knapp tausend Meter höher, und es ist für seine Käse bekannt. Im Vorfeld unserer Reise war auch die Rede von einem Käsewettbewerb dort – ich bin gespannt. Am nächsten Morgen fahren wir an einem Bergsee vorbei, beobachten Hirten mit ihren Schaf- und Ziegenherden, die sich in der kargen und steinigen Weite verlieren. In der Ferne ist der Berg Ararat zu erahnen, und ich fühle, wie sich in mir die Zeitmaschine regt.

In Boğatepe wird die Geschichte der letzten Jahrhunderte lebendig: Häuser und Ställe mit grasbewachsenen Dächern entlang einfacher Straßen, von Steinmauern eingefasste Weiden, Kühe. Wir werden von Ilhan Koçulu begrüßt, einem großen, kräftig gebauten Mann mit kurzen grauen Haaren und Bart, in Jeans, blauem Hemd und gefütterter schwarzer Kordweste, auf der Stirn eine Brille, die kleinen graubraunen Augen zugleich lebhaft und nachdenklich. Er ist nicht nur der Gründer des Käsefestivals, sondern Auslöser und Motor einer neuen Bewegung, um die alten Käse entsprechend moderner Qualitätsansprüche zu erhalten und zu fördern. Als junger Mann hing er sozialistischen Idealen an, geriet dadurch in einige Schwierigkeiten und zog schließlich von Istanbul zurück nach Boğatepe, ins Dorf seiner Mutter, deren Eltern 1917 aus Süddeutschland über Russland hierhergekommen waren. 2004 befand er sich damit in einem halb verlassenen Ort, weil alle anderen genau den umgekehrten Weg gingen, vom Dorf in die Stadt. Ilhan Koçulu gründete eine neue Molkereigenossenschaft, motivierte die verbliebenen Bauern, besseren Käse zu machen und begann, einen Markt dafür aufzubauen. Gleichzeitig ermutigte er vor allem die Frauen, wieder alte Getreidesorten wie Emmer anzubauen, und er schaffte eine Dreschmaschine für die gemeinsame Nutzung an. Langsam kam so der alte Austausch zwischen Höfen und Produkten aus unterschiedlichen Höhenlagen und somit sich ergänzender Reife- und Erntezeiten wieder in Gang; heute ziehen ganze Familien aus der Stadt zurück nach Boğatepe.

Ilhan Koçulu wirkt auf mich wie ein mittelalterlicher Feudalherr – fürsorglich und herrisch zugleich. Als Grandseigneur von Boğatepe steht er ganz offensichtlich im Spannungsfeld zwischen Dorf und Stadt. Vergangenheit und Gegenwart. 2015 hat er eine neue, moderne Käserei gebaut, damit sowohl Gravyer (von dem vor fünf, sechs Jahren noch niemand gehört hatte, das sagen selbst kulinarisch interessierte Freunde in Istanbul) als auch Kars Kaşar ihren verdienten Platz im türkischen Kulinarik-Kanon erhalten. Die hohen Wände sind weiß gefliest, es gibt einen Edelstahl-Sammeltank für die Milch, pneumatische Stempelpressen für die großen Gravyer-Laibe, zwei runde Kupferkessel, eine Wanne und einen Abtropftisch, der Boden ist mit Steinen künstlerisch ausgelegt. 35 Bauern aus dem Dorf haben sich der Käserei angeschlossen, von denen jeder fünfzehn bis dreißig Kühe melkt.

Vor einer der flachen Steinhütten gleich gegenüber flattern weiße Käsetücher im Wind. Das ist die alte, von Ilhan Koçulus Großvater eingerichtete Käserei, die mir eigentlich viel besser gefällt. Innen duftet es nach süßsäuerlicher, warmer Milch, und auch hier stehen runde Kupferkessel, doch ansonsten geht es einfacher zu. Die frischen Käse liegen in Ringen unter einfachen Balkenpressen. Immerhin gibt es eine kleine Zentrifuge, die das Fett aus der Molke schleudert. Nebenan in einem zweiten Gebäude schwimmen fertige junge Laibe in einer Wanne mit Salzlake, andere liegen bereits im daran angrenzenden Reiferaum auf breiten Holzstellagen. Natürlich muss ich Ilhan Koçulu recht geben, dass ein moderner Aufsichtsbeamter hier einiges zu beanstanden hätte, doch ich selbst habe diesen Käse gegenüber nicht die geringsten Vorbehalte.

Die Männer, die hier in weißen Gummistiefeln und grüner Kluft samt Haarnetz arbeiten, sind sichtlich stolz auf ihren Gravyer und freuen sich über unser Interesse. Sie erklären und demonstrieren uns, wie sie Käse machen, und es ist unverkennbar eine Emmentaler-Rezeptur. Die Laibe sind größer als beim klassischen Bergkäse, und die frischen Käse werden zuerst in einem »Schwitzraum« gelagert, der mit einem Ofen auf 30 °C erwärmt wird. Dort werden durch die Wärme Propionsäurebakterien aktiv, und im elastischen Käseteig bildet sich Gas, das für die charakteristischen großen Löcher und das nussige Aroma sorgt. Dabei blähen sich die Laibe leicht auf. Nach zwei bis drei Wochen wird dieser Prozess durch die Umlagerung in einen kühleren, feuchteren Reiferaum beendet. Hier müssen die Käse ein Vierteljahr lang alle drei Tage gewendet, trocken ab- und wenn nötig mit Salz eingerieben werden (mit regionalem Salz aus Kağızman, das scheint sehr wichtig zu sein), bevor sie schließlich für die eigentliche Reife bereit sind. »Gruyère«, lese ich dann später in einem Faltblatt, »ist ein edler Käse, der vier Jahre lagern kann.« Ich wünschte, ich wäre einem dieser Laibe begegnet! Gravyer ist unbestreitbar eine Variante des Schweizer Käses, schmeckt aber doch ganz eigenständig – der Kaukasus ist nicht das Emmental.

Aber wie war das jetzt genau mit den Schweizern? Während unserer Tage in Boğatepe kommt immer wieder jemand auf mich zu, bedeutet mir, wir seien »verwandt« und meint damit seine deutschstämmigen Wurzeln. Im *Ekomüze*, dem Ökomuseum, wird mir einiges klarer. Es ist in der alten Dorfkäserei untergebracht, die bis in die 1970er Jahre aktiv war, als die Genossenschaften aufgelöst wurden. Oben wurde in einer Art Hochparterre gekäst, im unteren Teil, halb im Boden, lag der Reiferaum. Wenn es wie jetzt zum Käsefestival voll bestückt und hergerichtet ist, bietet das kleine Museum einen wirklich außergewöhnlichen Einblick in die vielen verschiedenen Kulturen, die im Käse zusammengefunden haben. Protestantische Auswanderer aus Schwaben und der Schweiz ließen sich zuerst in Tbilisi in Georgien nieder, bevor sie sich 1891 in der Nähe von Kars ansiedelten. Sie hießen Aleksander Kaiser, aber auch Ahmet Koçulu, Hacı Idris, Hacı Musa oder Mehmet Yenişeker, und Milch und Käse waren wichtig in ihrem Wirtschaften. Sie produzierten in Boğatepe den ihnen vertrauten Gravyer und später auf Atatürks Dringen auch den im Kaukasus üblichen Kaşar. Sie verbesserten die Leistung ihrer Rinderherden durch gezielte Züchtung, was zusammen mit der außergewöhnlichen Pflanzenwelt in dieser Höhenlandschaft zu einer bemerkenswerten Milchqualität führte. Die örtliche Rasse, cremefarbene, stolze Tiere, geht auf das alpenländische Simmental zurück und heißt Zavot, russisch für Fabrik und der ursprüngliche Name des Dorfes aus der Zeit unter russischer Herrschaft; außerdem gibt es die ostanatolischen Rotbraunen.

Traditionell wurde Kaşar aus Schafsmilch gemacht. Kaşar aus Kars (wie sowohl die Stadt als auch die Provinz heißen) entsteht aus weniger ausdrucksstarker Kuhmilch, hat aber aufgrund deren herausragender Qualität hier trotzdem viel Charakter. Seine Herstellung kombiniert eine Reihe von Methoden, die aus westeuropäischer Sicht zu ganz unterschiedlichen Käse gehören. Die unbehandelte Milch wird zuerst wie für Cheddar verarbeitet: der Bruch in große Fladen zerteilt, die kleingeschnitzelt werden, leicht gepresst und erneut zerkleinert. Dann jedoch taucht man ihn in siebartigen Körben in einen Kessel mit 80 °C heißem Salzwasser und rührt ihn darin eine knappe Viertelstunde lang mit einem Stock. Das erinnert an die bereits erwähnten sizilianischen Pasta-Filata-Käse wie Cacciocavallo oder Ragusano (die, wie beim Mozzarella, gezogen werden, aber dann im Gegensatz zu diesem frisch konsumierten Käse trocknen und reifen). So entsteht die blättrige Struktur des Kaşar, der abschließend auf einem Tisch geknetet, dabei gesalzen und geformt wird.

Der kleinste Käse, der so entsteht, ist der alte, von Ilhan Koçulu neu erfundene Çakmak Malakan, ein kleiner Fladen. Sein Name geht auf die molokanischen Urchristen zurück (wörtlich übersetzt »Milchtrinker«, die an Fastentagen Milch tranken), die Ende des 19. Jahrhunderts aus dem Wolgagebiet vertrieben wurden und sich in Kars ansiedelten. Çakmak Malakan wird jung gegessen, in ihm kommt die besondere Milch von Kars ganz unmittelbar zum Ausdruck.

Für den Kaşar wird die gebrühte, gerührte Käsemasse in kleinere weiße Plastikformen oder spangenartige große Metallformen gedrückt. Nach einem Tag in einem relativ warmen Raum werden sie im Reiferaum auf Holzbrettern aufgereiht und reifen wie die besten Parma- und Ibericoschinken vierzig Tage lang bei offenen Fenstern mit den natürlichen Schwankungen der Höhenluft von Boğatepe. Danach werden die großen Laibe in Fünferstapeln in Papier und Jute eingeschnürt und lagern weiter, erst dann bildet sich die braunweißgraue Rinde. Es ist ein komplexer Prozess, der die alten, naturgegebenen Temperatur- und Feuchtigkeitsschwankungen nachbildet. Auf meine Frage nach Starterkulturen, wie sie in modernen Käsereien heute gang und gäbe sind, sagt Ilhan Koçulu: »Die Menschen hier haben 150 Jahre Käse auf ihre Art gemacht, es gab keine Hygieneschranken und keine Starterkulturen, und das wird sich auch so schnell nicht ändern, sonst geht zu viel Tradition verloren.«

Als wir um die Mittagszeit aus dem Museum treten, beginnt es zu regnen. Ein Junge spricht uns an, ist offensichtlich geschickt worden, um uns zum Mittagessen einzuladen. Er geht mit uns über einen Hof, wo Gänse, Hühner und Enten flattern, an einem zweistöckigen Haus vorbei, das auch in einen Berliner Randbezirk passen würde, zu einer flachen Holzhütte. Dort sitzen schon Vater und Bruder auf dem einfachen Sofa, und seine Mutter begrüßt uns – wieder einmal bin ich dankbar, dank meiner Reisekomplizin die Sprachbarriere überwinden zu können, und die Familie Ömür, die uns hier eingeladen hat, ein bisschen besser kennenlernen zu können. »Hier fühle ich mich im Sommer viel wohler«, erklärt Zümran Ömür, die Mutter, das Nebeneinander von Steinhaus und Hütte, »man ist der Natur näher, die Energie ist besser.« Die Wände sind aus Holzbalken, das Holzdach mit Wellblech geschützt, auf dem gestampften Erdboden liegen Teppiche. Es gibt einen kleinen Gasherd, einen Kühlschrank und vor den Fenstern mit blau gestrichenen Rahmen hängen geblümte helle Gardinen. Der graue Resopal-Tisch füllt sich schnell: Fladenbrot, Tomaten und Gurken mit Zwiebeln, Joghurtsuppe mit Brennnesseln, Schmalzfleisch von den eigenen Kühen mit Tomaten, Paprika und Kartoffeln, Butter, Käse, Marmelade, Honig, Pekmez (eingekochte Fruchtmolasse), Buchweizengrütze, Linsen und natürlich Tee – schließlich steht ein richtiges Festmahl vor uns.

Während ein Gewitterregen aufs Wellblech prasselt, erzählen uns die Ömürs ihre Geschichte und strahlen dabei eine tiefe Verbundenheit aus – sie war 13 und er 15, als sie heirateten, und Zümran wusste, dass es Liebe war, weil er ihr bei einer ihrer ersten Begegnungen einen Kaugummi geschenkt hatte. Den ersten der heute 17, 22 und 28 Jahre alten Söhne habe sie mit 17 Jahren bekommen, sie seien eigentlich alle zusammen erwachsen geworden. Die Söhne sind sichtlich stolz auf ihre Eltern. »Das Leben ist nicht kompliziert«, sagt ihr Vater Celal bedächtig, das Gesicht braun und wettergegerbt, die Haare glänzend und dunkel, »wir machen es uns nur schwer.« Seine Frau lächelt. Sie melken ihre Kühe das ganze Jahr über, im Moment 26 Stück. Früher hätten sie auch Schafe gehabt, aber Kühe seien profitabler und die Arbeit dadurch ein bisschen leichter. Einmal in der Woche backt sie dünnes Fladenbrot in dem gemauerten, holzbefeuerten Ofen, und in einer großen Scheune mit weiß getünchten Wänden und Holzbalkendach trocknen auf langen Gestellen eine Vielzahl von Kräutern und Pflanzen für Tees, Auszüge und Salben, Heilmittel für Menschen und Tiere, auch das ist ihre Domaine. Als sie später in die weite grüne Landschaft hinausläuft, um die Kühe zum Melken zu holen, das orangefarbene Kopftuch nur noch ein Fleck, umgibt sie eine beeindruckende, geerdete Zielstrebigkeit, wie ich sie selten erlebt habe (einige Monate nach meinem Besuch wird sie einen TEDxTalk in Istanbul halten).

Am nächsten Tag ist Sonntag und Festival-Tag! Für Ilhan Koçulu ist der Volksfestcharakter dabei ebenso wichtig wie der fachliche Aspekt, das Begutachten der Käse. In einem großen Zelt ist ein Grill aufgebaut, ein Team von Köchen hat Essen für alle bereitet, die Musik dröhnt, und das bei solchen Anlässen obligatorische Militär wird von einem Wachsoldaten hoch zu Pferd vertreten. Die Kühe laufen trotzdem unbeeindruckt durchs Dorf, und drei von Ilhan Koçulus Käsern fahren in der Morgensonne mit dem Traktor von Hof zu Hof, um die Milch einzusammeln. Der Wettbewerb findet in der kleinen Dorfhalle unter Ausschluss der Öffentlichkeit statt. Nach viel Hin und Her liegen dort endlich auf zu einem Dreieck angeordneten Holzplanken gut 30 große, nicht gekennzeichnete Kaşar. Ein Mann im blauen Anzug kommt mit einem großen Messer und schneidet zusammen mit Ilhan Koçulu einen großen Keil aus jedem Laib, jeder einzelne Käse wird von der Jury verkostet. Die setzt sich aus den Mitgliedern diverser kulinarischer Vereinigungen verschiedener Städte zusammen, und ich soll darin mitwirken. Mich befällt kurz die Sorge, ob ich diesen mir neuen Käse gerecht werden kann – aber meine Bedenken sind unbegründet.

Dies sind Käse mit viel Charakter, die mir schnell zeigen, wo sie eigentlich hinwollen, wo ihre Stärken liegen und wo ihre Schwächen, wo jemand im Stall und am Kessel diese Landschaft versteht und in Käse zu übersetzen weiß und wo nicht. Die besten wirken sehr jung und lassen die Milch mit Haselnussnoten zu Wort kommen. Sie sind in der Textur zwar elastisch, aber auch sämig dicht, das Salz ist gut eingebunden, und die Säure trägt die Üppigkeit saftig, lebhaft und langanhaltend. Mit drei Frauen aus dem Dorf bilde ich eine spontane Gruppe, ihre respekteinflößend tiefen, rauen Stimmen werden zu meinem Kaşar-Soundtrack. Wir können nicht miteinander reden, aber wir verkosten im gleichen Rhythmus, verweilen bei denselben Laiben und sind mit anderen schnell fertig.

Unsere beiden Favoriten kommen von Ilhan Koçulu und von meinen Gastgebern, Familie Ömür. Dort habe ich nach dem Mittagessen beim Melken zugesehen, habe beobachtet, wie die Kühe mit ihren Kälbern in den niedrigen Stall trotten, wo Cihangir, der jüngste der Söhne, sie mit einem noch viel jüngeren Hirten zum Melken erwartete. Cihangirs Onkel Mehmet ist seit vierzehn Jahren für die Verarbeitung dieser Milch verantwortlich, ein fröhlicher Mann mit grauen Haaren und Schnurrbart, der später bei der Preisverleihung stolz im grauen Anzug mit seinem großartig zwischen Säure, Salz und Bitternoten balancierenden Käse für ein Foto posiert: »Ich gebe dem Käse Liebe, und der Käse gibt mir Liebe«, sagt er, und es klingt überhaupt nicht kitschig.

Es ist unser letzter Tag in Kars. Mittags sitzen wir auf einer Mauer an dem kleinen Fluss im Schatten, blicken auf eine armenische Kathedrale und das Fort oben am Berg. Plötzlich schallt von den vielen Minaretten der Mittagsruf wie in einem improvisierten Kanon durchs Tal, bringt die Landschaft und die Vögel in der Luft zum Schwingen, ähnlich wie die Kuhglocken in den Alpen – ein zeitloser Moment von stillem Klang.

In meinem Koffer sind bereits Kostproben von den prämierten Käse des Festivals, im Boğatepe-Dorfladen an der Hauptstraße von Kars und bei unserem Freund Akın Erginsoy decken wir uns mit noch mehr Käse, Honig, Buchweizen, Kräutern und getrockneten Früchten ein – jede Reise aufs Land gleicht hier einer Versorgungsexpedition, und die Sicherheitskontrollen am Flughafen scheinen derart beladene Passagiere gewohnt zu sein. Dann serviert uns Turkish Airlines auch schon wieder den üblichen Kaşar Cheese Toast, ich trinke dazu Ayran, türkischen gesalzenen Joghurt, und bin glücklich.

Auf den Spuren unserer nomadischen Vorfahren: Höhlenkäse aus der Türkei

Niğda Ay, Karaman
Divle Obruğu, Üçharman
Anatolien/Türkei

Schon lange vor meiner Reise nach Kars war ich vom anatolischen Käse fasziniert. Einer von ihnen zog mich so sehr in seinen Bann, dass man eigentlich von einer Lovestory sprechen muss. Das Objekt meiner Begierde ist ein ziemlich uriger Kerl, ein Schafskäse in behaartem Ziegenfell namens Divle Tulum. Als ich ihm zum ersten Mal begegnete, hatte ich keine Ahnung von der großen Familie der Tulum-Käse, in Tierhäute gedrückte dicke Milch. Sie sind ein Beispiel für den Pragmatismus, mit dem die nomadischen Hirten seit Jahrtausenden ihre Käse für Transport und Lagerung präparierten.

Viele Archäologen und Historiker sind heute überzeugt, dass in der Umgebung der steinzeitlichen Tempelanlage in Göbekli Tepe in Südostanatolien der Übergang vom Jagen und Getreidesammeln zum gezielten Anbau seinen Anfang nahm und sich die neue Lebensweise erst von dort nach Mesopotamien ausbreitete. Käse ist Teil dieser Entwicklung. Als das anatolische Hochplateau noch saftig grün bewachsen und bewaldet war, sich wildes Getier mühelos und reichlich erlegen ließ, legten die Jäger Vorratshöhlen an, die Fixpunkte auf ihren Streifzügen bildeten. Für die Jäger waren Innereien wichtige Nährstofflieferanten, und sie wussten zweifellos, wie sich die Milch in den Mägen junger Tiere zu Käse verwandelt.

Denn wer Vorräte schafft, beschäftigt sich mit Haltbarkeit und Konservierung. Die Sumerer im südlichen Mesopotamien haben uns dann in ihrer komplexen Keilschrift im 3. Jahrtausend vor unserer Zeitrechnung Belege für ihre Käsekultur hinterlassen. Für sie war Käse eng mit der Fruchtbarkeits- und Kriegsgöttin Inanna verbunden, die ihn von ihren Priestern der Bevölkerung als Tribut abverlangte und im Tempel in Uruk austeilte. Ihr Gefährte war der Hirtengott Dumuzi, in seiner Jugend Schafhirte und Käsemacher. Er setzte sich bei ihr gegen seinen Mitbewerber durch, den Ackerbaugott Enkimdu, indem er ihr statt Bier und Brot Milch und Honigkäse versprach.

Meine Lovestory begann in Istanbul. Die Stadt am Bosporus erinnert mich immer ein bisschen an Indien: (Beinahe) alles ist möglich. Bei meinem ersten Besuch dort nahm sich eine Kollegin meiner an, Aylin Öney Tan, bestens vernetzte Food-Expertin. Sie führte mich zum Gewürzbasar des Feinkosthändlers Cankurtaran Gıda, wo der Himmel voller Würste und Honigwaben hängt und in der Theke einige der besten Käse der Türkei liegen. Einen nach dem anderen bekam ich erklärt und zum Probieren gereicht, darunter auch einige etwas säuerliche Brocken: »Tulum«, sagte Aylin Öney Tan, »heißt Schlauch oder Sack und bezeichnet eine der traditionellsten Käse-Arten Anatoliens, der gesalzene, ausgepresste Bruch reift in gesäuberten, zum Schlauch zusammengenähten Tierhäuten.« Urig, etwas salzig, aber sehr ausdrucksstark. »Dieser kommt aus Erzincan, ganz im Osten, bei Elazığ.« In Elazığ war ich schon einmal, in der rauen Landschaft dort wächst mein türkischer Lieblingsrotwein, Öküzgözü, und den konnte ich mir zu diesem Käse gut vorstellen. Der beste Tulum, hörte ich dann, der käme jedoch aus Divle, etwa hundert Kilometer Luftlinie von der Südküste landeinwärts in Richtung Konya, der Stadt der tanzenden Derwische. Der sei ganz anders als dieser und reife in Höhlen. Ihn aufzutreiben sei zu dieser Jahreszeit allerdings schwierig ...

Aber noch war ich in Istanbul. Es dauerte nicht lange, und ich saß mit den Powerfrauen Neşe Aksoy Biber und Berrin Bal Onur, die zusammen in Istanbul den Feinkostladen Antregourmet betreiben, vor einer großen Käseplatte. Auf der lag unter anderem ein Tulum aus Kargı, von der anderen Seite Anatoliens zum Schwarzmeer hin. Er wirkte viel lebhafter und vergnügter in der Säure, voll konzentrierter Schafsmilchsüße als Gegenpol, das weiße Fell außen kurzgeschoren, aber ähnlich weich und kuschelig wie sein Inhalt. »Der ist von diesem Jahr«, erklärten mir die beiden, die gerade an einem inzwischen veröffentlichten Buch über die handwerklichen türkischen Käse arbeiteten (*Peynir Aşkina*, Aus Liebe zum Käse, leider nur auf Türkisch – und ja, das Farsi-Wort *peynir* ist mit dem Hindi-Wort *paneer* verwandt). Und dann, tatsächlich: Tulum aus Divle! Wiederum ganz, ganz anders. Ein fester, aber nicht harter, gereifter Käse, der mich in der Konsistenz an Jamie Montgomerys Cheddar aus Somerset erinnerte, ähnlich schieferig splitternd. Ganz offensichtlich war dieser Käse über ein Jahr alt, hier gab es Aromen von brauner Butter bis zu karamellisiertem Knoblauch, hielt der Nachhall lange und konzentriert an ... In diesem Moment war es um mich geschehen, ich war hin und weg.

Berrin zeigte mir Fotos von Divle-Tulum-Käse, die in tiefen Höhlenschächten lagerten, wo sich durch die Luftfeuchtigkeit erst weißer, dann blauer und schließlich rötlicher Schimmel bildete und das Fell färbte. »Traditionell wird Tulum im April und Mai gemacht«, erfuhr ich, »nach dem Lammen der Schafe, und dann bis zum Oktober gelagert.« Danach wird es Tieren und Menschen auf den hoch gelegenen Weiden von Divle zu kalt, und sie ziehen (oder zogen zumindest früher) in Richtung Mittelmeer in eine wärmere Gegend, mitsamt ihrem für die Reise gut verpackten Käsevorrat.

Divle stand also seit langem ganz oben auf meiner Käse-Reise-

Wunschliste. Und jetzt ist es dank Gamzes Bemühungen und Kontakten endlich so weit. Nach unserer Rückkehr aus Kars mit seiner komplexen, im Käse lebendigen Geschichte machen wir einen kurzen Zwischenstopp in Istanbul für einen Meyhane-Abend mit Rakı, Melone und *beyaz peynir*, der türkischen Variante des griechischen Fetas – auch das ist Käsegeschichte –, und reisen dann, endlich, weiter in Richtung Divle.

Auf dem Weg nach Divle treffen wir Ahsen Toktay und ihre Tochter Sinem, denen es wie Ilhan Koçulu um die Erhaltung traditioneller Produkte geht. In ihrem Online-Shop namens Aladükkan bieten die beiden Frauen neben Käse auch Mais, Kichererbsen, Grünkorn, Gewürze, getrocknete Früchte und Walnüsse an. Auch sie arbeiten vor allem mit Frauen und erzählen, dies sei anfangs schwierig gewesen, dann aber schnell akzeptiert worden, weil die Frauen Geld ins Haus brachten. Zusammen fahren wir zuerst in ein Dorf bei Karaman, zweieinhalb Autostunden südöstlich von Konya, vorbei an Mais-, Melonen- und Sonnenblumenfeldern. Jetzt Mitte Juli sind gerade die Kichererbsen reif, überall am Straßenrand stehen kleine Laster mit den frischen grünen Zweigen, davor sitzen im Schatten Frauen, die die Erbsen enthülsen.

»Schlafende Milch« nannte im 11. Jahrhundert der türkische Gelehrte Mahmûd Kaşgarlı den Käse: Milch, die als Käse zu einer haltbaren Form gefunden hat und nährt und stärkt, auch wenn die Tiere keine Milch geben. Das »Schlafenlegen« ist oft von Ritualen begleitet, die auch das soziale Miteinander stärken. Manchmal gerät in Vergessenheit, warum etwas genau so und nicht anders geschehen muss, aber in Anatolien habe ich eine Reihe von Frauen kennengelernt, denen die Verbindung zwischen Vergangenheit, Gegenwart und Zukunft sehr bewusst ist. Sie wollen nicht alles zugunsten der Moderne aufgeben, und manche beleben beinahe Vergessenes neu. Zusammen mit den Toktays besuchen wir eine Frau, die sich des beinahe verschwundenen Bastırık angenommen hat, des »eingepackten« Käses. Die Retterin des Bastırık heißt Niğda Ay, eine stämmige, humorvolle, lebhafte Frau von Mitte fünfzig. Sie trägt weite geblümte Hosen, einen roten Pullover und ein lose um den Kopf gelegtes Tuch und führt uns in den Hof eines Neubaus mit blökenden Schafen, die Nachbarn halten Kühe. Vor 17 Jahren seien sie hierhergezogen, von einem Hof ohne fließendes Wasser und ohne Strom – es sei trotzdem schöner gewesen. Sie bietet uns wunderbar duftende Aprikosen an, zeigt uns Zuckerrübenblätter für Dolma, Säcke mit Mais, Bohnen, Weizen und Gerste, die sie nach wie vor anbauen, und den gemauerten offenen Backofen in einer Ecke.

Der Bastırık verbirgt sich unter einem großen, umgestülpten Weidenkorb, der ihn vor gefräßigen Tieren schützen soll – früher hat man ihn im Dorf auf den bewachsenen Dächern gelagert. Unter dem Korb kommen zuerst Teppiche zum Vorschein, dann Decken, Vorhänge und Tücher und schließlich alle möglichen Jacken, Röcke und Pullover. Selbst an diesem heißen Tag spüren wir, wie es immer kühler wird, je mehr Schichten die Frauen unter viel Gelächter abtragen. Zu guter Letzt kommt das schwarze Fell des Bastırık zum Vorschein, der vor uns sitzt wie ein pummeliges kleines Tier.

Der Bastırık ist ein großer Tulum in der Haut einer jungen Ziege, deren Öffnungen bis auf den Hals sorgfältig vernäht sind. Niğda zeigt uns, wie sie die Käsemasse, die zuvor mehrere Male in einem Stoffsack gepresst und wieder zerkrümelt wird, mithilfe eines Trichters und eines Holzstabs durch die Halsöffnung in die Haut füllt und gewissenhaft stopft, damit keine Luftlöcher entstehen, in denen sich Schimmel bilden könnte. Dann muss die Haut eingestochen werden, damit der Käse atmen kann. Aus den Löchern tritt bitteres Wasser aus, weshalb der Käse einmal wöchentlich gewaschen werden muss, wie ein Baby, lacht Niğda. Nach dem Abendgebet unmittelbar vor Sonnenuntergang wird der Käse ausgepackt – traditionell von der jüngsten verheirateten Frau im Haus –, damit die frische Nachtluft ihn umwehen kann, bevor es am frühen Morgen wieder ans Einpacken geht. Die vielen Schichten schützen ihn vor der Tageshitze, dasselbe Prinzip wie bei den Kochkisten, in denen heiße Speisen ohne weitere Wärmezufuhr weitergaren, nur umgekehrt. Früher hat man auch Butter und Joghurt so gekühlt (und Bier, lächelt ihr Mann). 45 bis 90 Tage muss der Käse reifen, abhängig von Größe, Feuchtigkeit und Temperatur, gleichzeitig wird der Geschmack immer besser, wie beim Wein, da sind sich alle einig. Bastırık gibt Würze, gehört zum Fladenbrot, in Rühreier, Kebab, eigentlich zu jeder Mahlzeit. Traditionell hat man ihn aus einer Mischung von Schafs- und Ziegenmilch gemacht, doch seit einigen Jahren gibt es nicht mehr genug Schafsmilch, weil so viele Bauern vom Dorf in die Stadt ziehen.

Abends fahren wir hinauf nach Sertavul im Taurusgebirge, das das anatolische Hochland vom Mittelmeerbecken trennt. Auf knapp 1800 Meter leben dort nach wie vor Yörük, nomadische Stämme mit ihren Schafen und Ziegen in sehr improvisiert wirkenden Sommersiedlungen, die entlang der Straße an Ständen Joghurt verkaufen. Unser Ziel ist ein großes Ausflugsrestaurant, dessen Spezialität gegrillte Zicklein und Lämmer sind. Zu meiner freudigen Überraschung gibt es nicht nur Rakı, sondern auch guten Rotwein. Das Fleisch kommt nach den üblichen Salatvorspeisen in mehreren Gängen in Pfannen brutzelnd auf den Tisch und Höhepunkt des köstlichen Mahls sind Leber und Hoden. Wie üblich in der Türkei biegt sich der Tisch förmlich, es ist immer wieder eine echte Herausforderung, man kann hier kaum maßhalten, ohne etwas zu versäumen oder jemanden zu beleidigen.

So erwartet mich auch am nächsten Morgen ein riesiger Frühstückstisch voller Salate, Honig, Eier, Brot, Butter, Joghurt, Käse aller Art – dabei bräuchte ich jetzt nur einen Tee, denn ich bin aufgeregt, heute ist Divle-Tag! Der Zugang zur Höhle wird streng reguliert, deshalb müssen wir zuerst einige offizielle Palaver absolvieren, um dank gewisser Beziehungen eine Genehmigung zu bekommen. Doch dann fahren wir endlich gut gelaunt eine halbe Stunde in Richtung Osten, durch die kahle Landschaft des Hochplateaus, das hier auf über tausend Meter Höhe an das Ambiente eines amerikanischen Westerns erinnert, rau und unwirtlich. Schließlich weicht das steinwüstenartige Gelbgrau einer Andeutung von grünblauer Garrigue, und man kann sich Schafe darin vorstellen. Von vorzeitlichen Fluten ausgewaschene Felswände steigen auf, bergen ähnlich wie im angrenzenden Kappadokien ganze Höhlensysteme, von vielen früheren Generationen der hier lebenden Menschen als Unterkünfte genutzt. Von der Straße kann man sehen, dass auch in den letzten Jahrhunderten Behausungen teilweise in die Höhlen hineingebaut worden sind. Divle, das auch Üçharman genannt wird, ist ein kleines Dorf, das sich vom Hang zu einem Flüsschen hinab zieht. Auf einem der roten Ziegeldächer sind Aprikosen zum Trocknen ausgebreitet, unten am Wasser wachsen Mais und Gerste. Wir werden von einer Familie zum Kaffee gebeten, und allmählich verstehe ich, wo das Objekt meiner Begierde herkommt. Es sind die letzten Überreste nomadischer Gebräuche, die sich seit Jahrtausenden erhalten haben. Den Sommer verbrachte man in den Hochebenen des Taurusgebirges, den Winter hingegen am wärmeren Mittelmeer. Auf dem Weg machte man im Frühling und Herbst an Orten wie Divle halt, und dort begann man im März, die Tiere nach dem Lammen wieder zu melken. Die erste Milch verarbeitete man zu Joghurt (der durch Räuchern haltbar gemacht und auch in der Höhle gelagert wurde), dann wurde ab Ende Mai drei Wochen lang gekäst.

Noch stärker als in Kars scheint alles in der Schwebe zwischen gestern und heute zu hängen. Früher waren es die Frauen, die einmal täglich die weißzottigen Karaman-Schafe von Hand molken und die Milch verarbeiteten, wie sie es von ihren Müttern gelernt hatten. Eine Herde von fünfzig bis hundert versorgte eine Familie. Doch auch hier werden die Schafe von den Kühen verdrängt, von denen fünfzehn die wirtschaftliche Existenz sicherstellen. Im Dorf gibt es ein paar Neubauten, das sind die Kuhställe, während die Schafe in alten Verschlägen untergebracht sind und von den Dörflern eher geringschätzig behandelt werden. Ihre Milch sei jetzt mitten im Sommer sehr fett, zu fett für Käse, überhaupt sei Käse aus Kuhmilch leichter und daher besser, und »Kühe machen viel weniger Arbeit als Schafe«, sind sich die Dörflerinnen einig. »Authentischer Divle Tulum«, betonen aber Mutter und Tochter Toktay sofort, »muss aus einem Gemisch aus Karaman-Schafsmilch und etwas Ziegenmilch gemacht werden.« Das Dilemma dabei: Die Nachfrage für diesen echten Divle Tulum ist bis jetzt nicht groß genug, um die harte Arbeit der Schafhirten, -bauern und -käser zu rechtfertigen. Zwei größere Produzenten beherrschen in Divle den Markt, daneben produzieren viele kleine für den Eigenbedarf. Viele Käse kommen heutzutage aber auch aus der Umgebung; in den letzten fünfzehn Jahren hat sich der Bestand an Schafen auf nahezu ein Zehntel reduziert.

Wie wurde, wie wird der Tulum in Divle gemacht? Zur euterwarmen Milch kommt das Lab, das die Frauen früher noch selbst gemacht haben, hören wir. »Die Käse schmeckten anders damals«, sagt unsere Gastgeberin, und gibt damit erneut der Zerrissenheit zwischen Vergangenheit und Moderne, Selbstversorgung und Handel, Land und Stadt Ausdruck. Nach einer Stunde wird gerührt und erhitzt, wenn die Molke gelblich weiß aufsteigt, ist es Zeit, den Bruch in Tüchern abtropfen zu lassen (die Molke wird für ricottaartigen Lor aufgekocht). Am nächsten Tag schneidet man die Bruchmasse in Scheiben, wäscht und presst sie in Tüchern mithilfe von Steinen. Wiederum einen Tag später knetet man Salz in den Käse, zerkrümelt ihn dabei und stopft diese Krümel sorgfältig in die Lederhäute, zuerst in die großen, etwa fünf Kilo schweren Tulums, die beste Qualität, dann in kleinere. Auch hier werden die Käse angestochen, tropfen drei bis vier Tage bei 15 °C ab und müssen täglich gesäubert werden, bevor man sie schließlich kennzeichnet und Ende Juni in die Höhle bringt. Deren Zugang wird vom Dorfverwalter kontrolliert, bis zum 29. Oktober – traditionell ein Festtag – ist sie verschlossen. Erst danach steht es jedem frei, über seine Käse zu verfügen.

Die Höhle! Ums Haus stehen Maulbeerbäume, gelbe Kirschen leuchten prall und reif, uns wird bedeutet zu pflücken, zu essen – aber ich will jetzt in die Höhle, in den Obruk. Endlich geht es wieder los. Über Felsen klettern wir in einem Marmorsteinbruch hinunter zum Einstieg, weil es zwar einen sehr einfachen, blau gestrichenen Fahrstuhl mit einer Art Gitterkäfig gibt, der aber wohl nicht in Betrieb ist. Und dann stehen wir vor der Luke – und einem großen, stabilen Vorhängeschloss. Jemand macht sich auf die Suche nach dem Dorfverwalter, der angeblich den Schlüssel hat, doch der lässt sich nur schwer auftreiben. Ich versuche, meine preußische Zielstrebigkeit und die mir angeborene Ungeduld im Zaum zu halten. So kurz vor dem Ziel ... Mit Gamze begutachte ich insgeheim die Stabilität des Metalldeckels, vielleicht könnte man ja?! Endlich kommt ein kleiner Junge angerannt, behände wie eine Bergziege, und winkt schon von weitem mit dem Schlüssel. Die Luke ist offen! Eine lange, rostige Leiter führt tief hinunter. Vorsichtig steige ich den dreißig Meter langen Schacht hinab. Es wird dunkler, feuchter und richtig kühl; ich habe kein Thermometer dabei, angeblich liegt die Temperatur bei konstanten vier Grad Celsius.

Und dann: Divle Tulum. Überall, in allen Größen, Formen, Farben. Es ist ein schwer zu beschreibender, unwirklicher Moment. Es endlich an diesen Ursprung geschafft zu haben, die Höhlenluft einzuatmen, anheimelnd wie in dem Höhlenhotel, in dem ich einmal in Kappadokien übernachtet habe. Hier umgibt mich jedoch eine schwere Würze, die der Käse ausströmt. Die langen Gänge sind steinig, stellenweise feucht und glitschig, immer wieder klettern wir über Holzstege und -leitern, und ich bin froh über meine stabilen Schuhe, zumal ich kaum den Blick von den Tulums wenden kann. Offiziell fasst die Höhle dreißig Tonnen, tatsächlich lagert hier aber sicher eher die doppelte Menge. Entlang der Gänge, auf Felsvorsprüngen, in Nischen und auf Holzstellagen: überall Tulums, von vereinzelten Glühbirnen und dem Licht unserer Taschenlampen beleuchtet. Manche sind lockig wie ein Teddybär, weißhaarig, schwarzhaarig, andere beinahe kahl, die einen sehen aus wie ein Handtäschchen, andere so, dass man sie wie ein Baby in den Arm nehmen möchte, mit Holzspießen zugesteckt, mit Schnur zugebunden, mit Plastikclips versiegelt, mit Schild oder ohne, aber alle in der charakteristischen sackartigen Form.

Ich weiß nicht mehr, wie lange ich dort unten in der Höhle war, die Zeit schien stillzustehen, sehr unwirklich und im Rückblick ebenso verschwommen wie die wackligen Bilder auf meinem Smartphone. Als uns der Dorfverwalter einzeln mit dem Fahrstuhl hinauf ans Tageslicht holt, fühle ich mich noch lange wie in einem Traum. Als ich wieder einigermaßen klar denken kann – auch beim Zeitreisen braucht die Seele viel länger als der Körper –, versuche ich, die neuen Eindrücke zu ordnen. Was macht einen Tulum zu einem Divle Tulum? Denn es gibt natürlich andere Höhlen, die man wie diese zum Käselagern nutzt, doch man versichert mir, hier in Divle habe das Höhenklima eine ganz besondere Auswirkung auf den Geschmack der Käse. Der Divle Tulum, den man mir bis jetzt präsentiert hat, zeichnete sich gegenüber Tulum-Käse aus anderen Ecken Anatoliens duch seine ganz besondere, mürbe blätternde Struktur aus. Es ist kein weichbröckelnder, sondern ein halbharter Käse, und die Säure spielt sehr souverän im Hintergrund die tragende Rolle, wie ein gezupfter Kontrabass im Jazz. Für mich war das die große gemeinsame Klammer, die eine ungemeine Fülle in sich barg – wie gerne hätte ich dort unten einen Käsebohrer dabeigehabt, um verschiedene Käse zu verkosten! Die Temperatur in der Höhle von Divle mag stabil sein, aber die einzelnen Ecken und Gänge sorgen trotzdem für unterschiedliche Bedingungen (so wie Fässer mit dem gleichen Most im selben Keller unterschiedliche Weine hervorbringen), außerdem bringen die Käse ihre eigenen Geschichten von den Weiden, Höfen und Menschen mit in die Tiefe und reagieren deshalb auch ganz unterschiedlich: Auf manchen wächst ein dicker flaumiger weißblaugrauer Schimmelrasen, auf anderen der für Divle besonders typische rostrote – und alles, was da wächst, beeinflusst das Reifen der Käse im Inneren, die Entwicklung von Textur und Aromen. Ich bin mir sicher: So wie wir heute waren auch früher die Hirten jedes Mal gespannt, wenn sie im Herbst in die Höhle hinabstiegen …

Schließlich sind wir wieder am Auto, und ich mache zur Sicherheit noch ein Foto vom Straßenschild, als Beweis: »Divle Obruğu«. *Mission accomplished.* Die Landschaft wirkt nun in ihrer Weite noch unwirtlicher und erbarmungsloser, und mich überkommt eine flüchtige Ahnung, welch wunderbare Zuflucht die Hirten in diesen Höhlen gesehen haben mochten.

Wenige Stunden und einen vorabendlichen Turkish-Airline-Kaşar-Cheese-Toast später sitzen wir in Istanbul auf dem Balkon in der nächtlichen Brise, blicken über den Bosporus und stoßen mit Sauvignon von der türkischen Ägäis auf unsere Erlebnisse an. Als wir am nächsten Morgen zu Cankurtaran Gıda gehen, um meine Käsebestände für eine Probierrunde in Berlin zu vervollständigen, sehe ich nicht nur Fülle in, um und über diesen Regalen, sondern Geschichten und Geschichte, und begeistert berichten wir einem der beiden Eigentümer von unserer Höhlenexpedition. Der zückt sofort sein Handy und zeigt uns, wo sein Bruder sich gerade aufhält: in Erzincan, bei den letzten nomadischen Schafhirten, die dort auf traditionelle Weise Käse machen – »da müsst ihr nächstes Jahr hin!« Es geht immer weiter. Der Käse-Mond leuchtet am Himmel in all seiner Macht, und er ruft und ruft.

Abbildungsverzeichnis

Register